接纳不完美的自己，
做内心强大的女人

〔美〕戴尔·卡耐基 著

木木 编译

文汇出版社

图书在版编目（CIP）数据

接纳不完美的自己，做内心强大的女人 /（美）卡耐基著；木木编译. -- 上海：文汇出版社，2015.4
ISBN 978-7-5496-1402-8

Ⅰ. ①接… Ⅱ. ①卡… ②木… Ⅲ. ①女性－成功心理－通俗读物 Ⅳ. ① B848.4-49

中国版本图书馆 CIP 数据核字（2015）第 015113 号

接纳不完美的自己，做内心强大的女人

出 版 人 / 桂国强
作　　者 /（美）戴尔·卡耐基
编　　译 / 木　木
责任编辑 / 戴　铮
封面装帧 / 嫁衣工舍
出版发行 / 文汇出版社
　　　　　上海市威海路 755 号
　　　　　（邮政编码 200041）
经　　销 / 全国新华书店
印刷装订 / 三河市金泰源印务有限公司
版　　次 / 2015 年 4 月第 1 版
印　　次 / 2015 年 4 月第 1 次印刷
开　　本 / 710×1000　1/16
字　　数 / 202 千字
印　　张 / 16

ISBN 978-7-5496-1402-8
定　价：36.00 元

| 没有一个人是完美的,每个人身上都存有"阴影"部分,
  如果你总是追着阴影跑,就会忽略光明。

| 强大不是因为你战胜了自己,而是接纳了自己;
  只有真心拥抱生命中的不完美,才能活出完整的生命。

| **直抵心灵深处,感动都市灵魂,唤醒内在力量,活出完满人生**!

| 接纳痛苦，才能收获成长；凝视阴影，才能遇见光明。

| **生活有进退，输什么也不能输掉心情，
接纳不完美的自己，做内心强大的女人。**

| 希望这本书能终止你内心的纠结和对抗，让你的心田开出朵朵莲花。

前　言

　　一位心理学家曾有这样一位女性病人，她是全世界知名度最高以及薪酬最高的模特儿之一。工作时，她看上去漂亮自信，光芒万丈；私底下，她却对别人投向她的目光恐惧万分。日常生活中，她和男朋友约会时总是很紧张，她觉得自己很无趣，而且她极为在意自己脸上一个小到难以察觉的疤痕。尽管她每天都会收到无数人赞赏的目光，但她仍然害怕别人会因为这个疤痕而批评她。

　　大多数女性对待缺陷的态度都是这样，如叔本华所说："我们对自己已拥有的东西视若无睹，但对所缺乏的东西总是念念不忘。"大多数女性都像那位模特儿那样，在照镜子时，总是对自己的优点视而不见，而只盯着脸上的缺陷，懊恼不已。

　　其实这种态度的根源在于完美主义。崇尚完美主义的女人很多，她们在方方面面对自己严格要求，不做到完美誓不罢休。因为苛求完美，所以不能容忍哪怕极小的缺陷。所以我们看到，无论是年轻女孩还是家庭妇女，无论她们是贫穷还是富有，是单身还是已婚，是出色还是平庸，所有的女人都在抱怨自己的不完美：容貌不够美丽，身材不够标准，性格不够好，头脑不够聪明，才华不够出众，工作不够出色，爱情不够美满……总之，几乎没有女人对自己和人生感到满意。她们总在说："看看别的女人，多么完美，过着令人艳羡的生活，可我呢？"而那些她们口中的"完美"女人，同样有着自己的烦恼。

有一位名叫苏珊的女人，她有着令人艳羡的美丽外表、迷人的气质，以及一份非常不错的工作，在任何人眼中她都属于"完美"的女人。但她内心极度忧虑，经常失眠、焦躁，没有一天过得快乐。她认为完美的女人应该有一头金色长发，但她的头发是栗色的；她觉得工作虽然很不错，但也有很多遗憾，假如没有那些遗憾，说不定她现在已经升任经理了……她并不觉得自己的人生足够完美，仍然时刻活在缺憾的折磨中。

那这世上是否真有完美的女人？当然没有。命运给了你漂亮的脸蛋，可能会让你没有窈窕的身材；给了你性感迷人的身材，可能会让你没有智慧的大脑；给了你美丽和智慧，可能会让你缺少身体的健康……这个世界上并不存在十全十美，不完美才是现实的真相，而过度追求完美无异于自我折磨。

上帝在创造鸟类的时候，首先制作了各种形状、各种颜色的羽毛作为样品，供鸟儿们挑选。

鸟儿们兴致勃勃地挑选着自己的羽毛，蝙蝠却挂在树枝上看着它们，显出不屑一顾的样子。看到凤凰选中了红色和绿色，蝙蝠撇了一下嘴，鄙视地说："哼，真俗气！"看到喜鹊披上黑白相称的羽毛时，它又刻薄地说："这身衣服太难看了！"当麻雀穿上褐色的衣服时，蝙蝠差点笑得背过气去，说："这身衣服简直土得掉渣！"

最后，除了蝙蝠以外，所有的鸟儿都选到了自己中意的羽毛。

上帝问蝙蝠："你没有选中任何羽毛吗？"

蝙蝠摇摇头，说："上帝，您能不能创造出更完美的羽毛呢？"

听了蝙蝠的话，上帝笑了笑，说："每种羽毛都有它的美丽之处，关键是找到最适合你的那一种。既然你选不到自己喜欢的羽毛，那么你就做兽吧！"

蝙蝠想了想，说："我做兽也可以，但是，我想做一个完美的兽。"

"什么样的兽是完美的呢？"上帝问蝙蝠。

"不仅会走，而且会飞的兽，才是完美的。"蝙蝠说。

最后，上帝满足了蝙蝠的要求，把它变成了它心目中最完美的兽——没有羽毛却有翅膀，又能走，又能飞。但是，人们看到它的时候总觉得它不伦不类，既不像鸟，又不像兽。

现实中，很多女人都在重复蝙蝠的悲剧，不懂得欣赏独特的美丽，而执着于追求不伦不类的完美。就像赐予鸟类不同的美丽一样，上帝不会将所有天生的资质赐予你一人，但他会赐予你独一无二的特质；你可能不会成为人群中天生的耀眼"明星"，但你可以通过后天的努力，成为具有独特魅力的女性：容貌不够漂亮，可以用个性和修养来增加魅力；身材有缺陷，可以用优雅的举止和强大的气场来弥补；才华不够，你还可以拥有阅历和智慧。

身为女人，要学会接纳不完美的自己，你就是你，不是你想象中的那个"完美女人"。只有接受了这一点，你才能拥有强大的内心，踏出看清缺陷、弥补缺陷的第一步，进而走向成熟，接近真正的完美。

目录 CONTENTS

第一章　接纳不完美的自己

对在社会中处于弱势地位的女人来说,在遭受打击的时候依旧保持美丽和自信,并不容易。但女人有着自己独有的优势,具备天生的魅力,只要她们肯全然地接受自己、赞美自己,整个世界都会为她们让路。

003　内心强大的女人,柔软却有力量
007　可以不完美,但一定要美好
010　始终记得,你是活给自己看的
014　谁也不能打击你,除了你自己
017　幸福是因为你接纳了真实的自己
021　内心强大的女人,用微笑让世界低头
024　总盯着自己缺点的女人是傻瓜
027　放下,让内心惬意丰润
031　自我赞美,就像你真心赞美别人一样
035　世界很烦躁,你要对自己更加好

第二章　越是对自己温柔，内心就越强大

在人生这场旅途中，每个女人都拥有天赐的礼物：爱。增进爱的能力，学会有节制、有智慧地去爱，是女人一生的课题。对于一个女人来说，如果为爱失去自我，那她将永远得不到幸福。女人需要在爱的世界里留下更多空间，温柔地爱自己。

041　甜言蜜语永不嫌多

045　温柔是女人的秘密武器

049　爱是最好的精神食粮

053　让婚姻成为幸福的温床

058　真诚地欣赏对方

061　生活中不止有爱情

065　比爱他更重要的，是爱自己

069　亲密关系中的最佳距离

第三章　唤醒内心的正能量

当一个女人拥有了强大的内心，她会变得无所畏惧；在遇到失败和挫折时，她会积极面对，坚强独立地处理问题，摆脱困境；在悲观失望时，她懂得悦纳自己，安慰和鼓励自己，走出悲观的阴影，从厄运里淬炼出芳香。面对逆境，请唤醒你内心的正能量，女人没有理由向命运屈服。

075　内心强大，做命运的女王

079　孤独时，学会悦纳自己

083　恐惧，走开

089　自我安慰和鼓励很重要

093　拥抱苦难，将逆境变为祝福

097　在痛苦面前，不妨自己拥抱自己

101　为了获得幸福，你必须接纳不幸

第四章 身为女人,要做梦想的王妃

女人的一生需要有梦想的指引:你梦想什么,希望过上怎样的生活,期盼得到怎样的幸福,设想自己成为一个怎样的女人——清晰而美丽的梦想会带给女人动力和支撑,让她知道该往哪个方向努力,该如何消除负能量,停止抱怨,放下纠结,该如何修炼最好的自己,去做梦想的王妃。

107 身为女人,要做梦想的王妃

111 有"野心"的女人更美丽

115 幸福的钥匙在自己手中

119 女人要有说"不"的自信

125 抱怨是在消灭自己的能量

129 放过自己,是为了接纳生活的美好

133 气质是女人最强大的气场

第五章 做知性、有教养的魅力女人

拥有美丽的容貌是每个女人梦寐以求的事,但若想成为富有魅力的女性,美丽的容貌并非必需品。一个真正有魅力的女性,有优雅的举止、非凡的教养、高贵动人的气质,她自信乐观,神采奕奕,她充满知性,品位不凡,她淡定从容,光彩焕发。这样的女性,即使没有美丽的容貌,也一样魅力无限。

139 智慧的女人最美

144 优雅的举止让你魅力四射

148 自信,让女性乐观向上

155 美好的心灵是女人最好的美容品

155 恰当着装,保持一颗爱美的心

159 和书籍做闺蜜,多学知识多幸福

第六章　放下坏情绪，做美丽女人

坏心情、坏情绪，会在女人的容貌上留下印痕，会让女人变得抑郁、焦虑、暴躁，像一颗随时会爆炸的炸弹，令人敬而远之；相反，好心情、好情绪，会让女人容光焕发、神采飞扬，会让她活得乐观、自信、淡定。做女人，懂得放下坏情绪，才能收获美丽和美好的生活。

165　积极的心理暗示可以帮你赶走坏情绪

169　从改善最坏的情况开始

172　假装快乐，化解负面情绪

176　别让情绪左右你的容貌

180　接纳自己情绪的人不会随意发怒

185　把内心的伤痛说出来，伤痛会降到最低

第七章　女人越淡定越有味道

女人的容颜会在时光里老去，女人的青春会在岁月的流逝中消失；但是，女人的涵养、女人的淡定气质，会在时间的洗涤中变得越来越清晰，它们会像珠玉一样散发出温润的光芒，赋予女人越来越多的魅力。女人越有涵养越淡定，而淡定是女人最深的味道。

191　给心灵松绑

195　放掉包袱，顺应生命的节奏

199　内心没有对抗，就能淡然面对压力

203　心静时，就不会被负能量干扰

207　涵养、魅力——女人一生的灵魂

211　人生没有完美，只有更美

215　接受最好的自己

第八章 装点生命,你是自己最好的作品

任何时候,哪怕是身处逆境,女人也要记得享受生活,用一双敏锐的眼睛,用一颗善感的心灵,发现随处可见的生活乐趣,用那些随意的小快乐、小幸福,永远爱自己,永远相信你就是自己最好的作品,将生命装点得美好而丰富。

221　学会放松,掌握生活平衡

226　远离单调的生活

230　让生活充满创意

234　随意的小快乐,随意的小幸福

237　做有活力的健康女人

241　女人永远的幸福——爱自己

第一章
接纳不完美的自己

对在社会中处于弱势地位的女人来说,在遭受打击的时候依旧保持美丽和自信,并不容易。但女人有着自己独有的优势,具备天生的魅力,只要她们肯全然地接受自己、赞美自己,整个世界都会为她们让路。

内心强大的女人,柔软却有力量

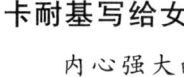 **卡耐基写给女人的话**

内心强大的女人,就像柔韧的柳条,会随着飓风摇摆,但永远不会被摧折。她们在面对命运时,始终保有温柔、柔软的态度,却坚定而不失力量。

对每个女人来说,没有上天安排好的道路,更没有天上掉下来的幸福。想要成功和幸福,你需要让自己的内心变得强大,强大到足以淡然面对和处理生活中迎面而来的一切打击和困难。

这是理所当然的道理,但我知道很多女士并不明白。她们以为自己明白,在顺境的时候,当我问她们:"你是否坚信明天的生活会更加美好?"她们会不假思索地回答:"是的,我相信明天会更美好,并且我愿意为了更美好的生活而努力。"她们的确认为自己内心强大,也可以很努力,并在这种努力的状态下扫除障碍,击退困难。然而,一旦身处逆境,比如失业或失恋,或者身体健康出了问题,她们就不确定了:不仅很难相信更好的明天,甚至连今日存在于此的意义都看不到,更不用说会为之努力了。

追根究底，这些女士其实并未理解内心强大的真正含义。内心强大的女人，就像柔韧的柳条，会随着飓风摇摆，但永远不会被摧折。她们在面对命运时，始终保有温柔、柔软的态度，却坚定而不失力量。无论生命的境遇是好是坏，她们都会顺应。顺应并非逃避困难，而是面对现实，减少硬碰硬的对抗。身处逆境时，她们不会有勇无谋地往前冲，而是会看清现实，适时调整自己，在这种境遇下做好自己该做的事。她们并非只在顺境时才拥有自信，而是随时随地拥有自信；她们也不会在逆境中否定自己，轻易动摇，而是坦然接受现实、面对现实。

换句话说，真正的内心强大，意味着永远不被击倒，意味着始终保持自信，而真正的力量是无论遭遇什么，都能够坚定地直面一切。要做到这一点并不容易。我见过的多数女士，都软弱有余，力量不足。她们在命运面前，不是主宰一切的女王，而是娇生惯养的公主，遇到问题就逃避到父母、家庭，或者自己软弱的壳里，不去面对，然后又抱怨人生的剧本没有按照她们所设想的那样展开，这种逃避的姿态，简直和我的女儿乔伊小时候一模一样。

乔伊在三四岁的时候，因为是家中唯一的孩子，唯一的玩伴只有我们夫妻，所以我们常常陪她玩，玩得最多的是她最喜欢的捉迷藏游戏。

乔伊喜欢躲起来，让我们去找她。我每次总是故意慢慢地数着一、二、三、四……同时从指缝中偷偷地看她那胖嘟嘟的小腿慌慌张张地在家中的房间到处乱窜；她一会儿想藏到窗帘里面，一会儿想躲到壁橱后头，总是觉得不大放心地再三改变主意，总是觉得不大满意地屡次更改藏身的地方。即使确实找到了绝佳的隐秘地方，她也总会在我问她"躲好了没"时勇气十足地回答说"好了"，从而充分暴露她的行踪。

我故作谨慎地仔细搜寻，这个时候，我能听到她紧张的呼吸声；我夸张地缓步前行慢慢接近她藏身的地方，连她扑通扑通的心跳悸动都可以明显地感觉出来。而当我每次拉开窗帘或是翻开壁橱找到她的时候，她会立即用小小的双手十分天真可爱地捂住眼睛，以为"她看不见我，我就看不见她"，兀自烂漫无邪地静静站立在我的眼前。直到我用双手拉开她肥嘟嘟的小手以后，她才确信我已经找到她，而不断手舞足蹈地开怀大笑。

乔伊这种愚蠢可爱的举动，经常是我们的一些亲朋好友来家做客时，作弄逗笑她的最好题材；直到如今，乔伊虽然已经出落得亭亭玉立，颇有大家闺秀的气质，我们仍不时以这些童年的往事取笑她。

乔伊说，她依稀记得当时情景的一二；她说，她一直将这种"我看不见你，你就看不见我"的捉迷藏哲学奉为圭臬，直到进了幼儿园，在接触了其他小朋友、面对了真实严肃的"游戏规则"，知道不再有人像父母一般宽让以后，才知道过去奉行的哲学有多荒谬。

我常想，这真是一个最好的人生启示。女士们，在你们成年以后，有多少人还在生活中继续犯着这个"我看不见你，你就看不见我"的严重错误？各位是否知道，逃避，不敢直面现实，是内心软弱的表现，它并不能帮助你避开打击，而只会让你的人生陷入越来越多的问题之中。

内心强大的女人，任何时候、任何境遇下，都不会被情绪控制，不会对自己和生活失去信心，她在梦想里遨游，为此努力奋斗，提升自我，她学会忍耐寂寞、孤独，学会对付恐惧、焦虑、悲观，学会独立思考，应对一切打击，她会不断在逆境中成长，直至独当一面，直到可以淡定地面对并解决一路上遇到的任何问题，直到她坚信自己是最好的作品，相信一切困难都可以迎刃而解，相信最平凡的生活也可以过得有滋有味。

我一直觉得，身为女人，最大的优势就在于你们的柔软当中蕴藏着巨大的力量，和男人刚强的力量不同，柔软中的力量更加有韧性，更能承受命运的起伏。女士们，我希望你们能够把自身的优势充分利用起来，成长为自信乐观、不因任何事轻易动摇的成熟女性，坦然接受一切不完美甚至残酷的现实，然后用柔软的力量去面对它、解决它。

可以不完美,但一定要美好

 **卡耐基写给女人的话**

重要的并不是完美与否,而是你是否有一种追求完美和美好生活的愿望。

马克·吐温说过,拿破仑和海伦·凯勒是 19 世纪最有趣的两个人。他说这句话的时候,海伦·凯勒还只是一个 15 岁的小姑娘。到今天几十年过去了,这句话依然是对的。

女士,假如你想看看有哪个女人在遭遇厄运和打击之后仍能活得精彩美丽,假如你想知道有没有一位女性能够在不完美的境遇里活得美好快乐,那么,海伦·凯勒将是一个很好的范例。

我想,很多女士都知道,海伦·凯勒是一位有严重生理缺陷的女性,她看不见,也听不见。她的双眼看不见任何东西,但她阅读过的书籍比大多数人都多,几乎是常人的 100 倍,她甚至创作了 7 部作品;同时,她以自身为蓝本拍过一部电影,还亲自参演;她的耳朵听不到任何声音,但她比别人更懂得享受音乐中的乐趣;她曾有 9 年时间完全丧失说话的能力,可是后来她却能去美国各州巡回演说;她曾在演艺界待了 4 年,成为领军人物;她还曾环游欧洲……

听起来很不可思议，对吧？但我想说的并非仅仅是这些属于她的耀眼成就，更是海伦·凯勒对生活和生命的热爱，以及她展现给世人的美好特质。

没有哪位女士的人生比海伦更不完美，她来到这个世上才19个月就失去了光明、声音，然而今天，她居住在纽约的福里斯特希尔，离我住的地方只有十几步远，我常常见到的是一个充满活力的女人，她从不向人倾诉自己的悲惨命运，相反，她永远都会为学会某句话、感受到某种东西、懂得某种感情而感到快乐，她永远都保留着十几岁时第一次意识到人类的语言是什么的时候所感受到的喜悦，永远都让自己活在美好感恩的心情之中，将自己的人生经营得出色而动人。

在海伦的著作《我的一生》中，她写道："要想找到一个比我更幸福的小孩，肯定不是一件容易的事！"很难想象这样的话，出自一个聋哑女孩之口。但这毫无疑问是事实。海伦说，她并不怎么在意自己的缺陷，因为即使看不见，她也可以通过和别人握手来记住他们；即使听不见，她也可以通过手指的触摸明白朋友在说什么，感受和欣赏音乐——所有不完美的缺陷，都不能成为她美好人生的障碍。

现在你能够明白了，女士，为什么马克·吐温会这样评价海伦·凯勒，因为她没有让一场失去光明、色彩的人生陷入平庸和乏味的深渊，相反，她完全靠自己内心的力量，靠自己对待生命的热情，让自己的生活变得有趣极了。她完全接纳了这个既听不到又看不到的不完美的自己，然后在此基础上活着，而且活得很好。

女士，假如听了海伦·凯勒的故事，你还在找借口，诉说命运的不公平，抱怨生活的无聊，认为自己太不完美，认为人生简直一塌糊涂，那我可就头疼了。要知道，就算不和海伦做比较，随便和身边的哪个女人相比，你都会发现这样一个显而易见的事实：每个人，每个人的人生，都是不完美的。

有的女士可能会对我说："你在说谎！明明有些女人，既长得漂亮，又有好身材，头脑又好，还有才华，更可气的是还能嫁给一个绝佳的男人，就好像上帝把所有好处和幸运都给了她，这难道还不算完美女人吗？"

没错，我们身边都不乏这种看起来完美的女人，但女士们，你们是否想过，她为什么看起来那么完美？难道真的是天生如此吗？即使她真的具备天生的美貌、才华和智慧，假使她自己不懂得加以珍惜和利用，那么结果会如何呢？假使她没有热爱生活的心灵，假使她自己并不愿意追求美，那她又会变成什么样？还能美丽如初，并且吸引到一个绝佳的男人吗？

重要的并不是完美与否，而是你是否有追求完美和美好生活的愿望，女士，我们自己，我们的生命都可以不完美，但无论遭遇什么、失去什么，无论我们有怎样的缺陷，也一定要活得美好。即使只是看起来完美，也没有天生完美的女人，请记住这一点：成为美好的女人，即使只是很普通的你，也可以做到。

始终记得，你是活给自己看的

 **卡耐基写给女人的话**

请始终记得，你是活给自己看的，要活出自己眼中的自信和美丽，别让任何人的言语、眼光、评价左右你的人生，因为人生是你自己的，不是别人的。

女士们，还记得我们的小时候吗？那个时候我们是多么害怕自己和周围的小伙伴们"不同"啊！我们和他们一起做着相同的事情，靠着相同的想法和观点来划分阵营，我们是那么在乎朋友和玩伴对自己的看法，因为我们迫切地需要被自己的同伴所接受，假如不被接受，我们就会觉得自己身处地狱——儿时的我们，将周围人的认同视作存在的证据。

后来，我们长大了一点，仍然害怕自己与众不同。穿着、言谈、举止，甚至思维方式，都力图和自己所属的圈子相同，因为我们都需要被圈子接纳。女士们，想必你们的父母都听你们说过这样的话："茱莉亚的妈妈都准许她交男朋友了，你还不准我出去玩。""像我这个年纪的女孩都开始化妆了。""天哪，你难道希望我在别人眼里是个怪物吗？""我才不穿这件衣服，太老土了！"……

时至今日，我不知道各位女士是否仍如儿时和年轻时的自己一样，努力让自己活得和别人没什么区别，我想告诉你们的是，我已经不再执着于此了。因为我听伟大的不服从主义者拉尔夫·华多·艾默生说过这样一句话："如果要做人，就要做一个永远不服从主义者。这样的话你最终能得到心灵的完好无缺，除此之外什么都不再神圣……我所犯的错误都是因为我从别人的视点来看待事物，而放弃了自己的立场。"

听起来有点费解吧，但艾默生并非劝人完全不从别人的视点出发，不去体谅他人，而是说，我们可以理解别人，却一定要从自己的角度出发去做人做事。

从小到大，我们努力让自己和周围的环境同化，活得和别人一样，因为我们别无选择。对自我的认识这个时候还没有萌芽，我们还很不成熟，不足以形成完全属于自己的人生观和价值观。一旦对自我的认识成型，我们明白了自身独特的价值，就是活出本色的时候了。可惜的是，很少有人能够做到这一点。

现实生活中很少有人具有标新立异的勇气，整个社会和经济群体支配着人们的思想和行为，使得人们必须和周围的人过着相似的生活，拥有相似的思维模式和行为模式，否则就会被抛下、被孤立。女士们，我知道你们中的许多人也在担忧这一点，因而至今仍然在努力达成他人的要求，努力让自己活得和别人一样。

16岁那年，你穿上一条性感的裙子，在学校的舞会上大出风头，你和朋友们通宵达旦地开Party，你努力变得健谈，擅长交际，备受信赖；而26岁的你终于明白，你并不喜欢穿性感的裙子，并不喜欢热闹，甚至并不喜欢交际，比起说话，你其实更喜欢沉默不语，但你仍然打扮得很性感，努力去凑热闹，去交更多朋友，说更多话，因为你害怕不这样，就没人喜欢你了。

如果你真是这样，那我很想问你一句：当你担心别人是否喜欢你的时候，你自己是否喜欢自己？当你忙着取悦别人的时候，你是否想过取悦自己？当你努力成为他人眼中的完美时，你是否想过自己眼中的完美是什么？

有一次，我去拜访我的老朋友司麦理·布勒敦医师，他住在曼哈顿。当时我正为一个女学员的事情烦恼，这个女学员得了忧郁症，成天为自己不能适应丈夫的社交圈子而感到沮丧，由此慢慢失去了自信。她变得压抑、卑微，觉得自己没用极了，完全不能成为一个优秀的妻子，也没办法达到别人的要求。

我和布勒敦医师谈起这件事，希望他给我一点建议。他听了我的叙述之后，说："这位女士的问题在于她不能喜欢真实的自己，她始终希望自己变成另一个人。"

我点头，说："我知道，但我希望我能知道怎么帮助她。"

我的好友想了想，说："不要活在别人的评判标准里，不要把别人的标准当成自己的标准，除了指出这一点，我看不出还能怎么帮助她，卡耐基，你得知道，能不能做到这一点，得靠她自己，你是帮不上忙的。"

布勒敦说得没错，我把这番话转述给那个女学员，她听了之后，若有所思，似乎是受到了什么启发。后来她告诉我："卡耐基先生，我当时听了你说的话，才第一次意识到，原来我一直都没有建立过自己的标准。一直以来，我都很在乎别人对我的评价，从来没有想过自己也可以有一套评价标准。"

从那以后，我渐渐发现她的忧郁症减轻了，她不再整天愁眉苦脸，变得开朗多了。我为她的变化感到高兴。各位女士，你们看，当这个女学员决定自己评价自己的时候，即使现实并没有发生改变，即使她仍然不能适应丈夫的交际圈，她也能活得比以前好。

对女人而言，基于强大内心的自信是很重要的，当你对真实的、不完美的自我抱有坚实的信心，你就会在举手投足间变得自信十足，魅力四射。相反，如果连你自己都不能接受自己、喜欢自己，那么，即使你表现得再完美，那也是假象，而这种假象总有一天会被你的不自信戳穿。

请始终记得，你是活给自己看的，要活出自己眼中的自信和美丽，别让任何人的言语、眼光、评价左右你的人生，因为人生是你自己的，不是别人的。

谁也不能打击你,除了你自己

 **卡耐基写给女人的话**

我一直认为,无论男人女人,要获得成功和幸福,都需要努力,不是靠别人来施舍,而是要自己去赢取别人对你的喜爱、赢取社会对你的尊重。

几年前,我接触过这样一位女士。由于家境富裕,在她的少女时期,她的父母为她提供了良好的成长环境和接受高等教育的机会。但她一心想着日后嫁作人妇,过上安逸享乐的生活,因此并没有在学业上努力用功。

她只上了半年学,因为没有通过学科测试,不得不中途辍学回家。没多久,在父母的安排下,她嫁给了一位小有名气的商人。一开始,她的确过上了衣食无忧的安逸生活:家中的事有仆人打点,她每天把自己打扮得漂漂亮亮去参加各种酒会Party,有时也在家开茶会,邀请一大堆朋友来喝下午茶,或者让司机开车载她出去逛街,总之,她的日子过得舒适、丰富多彩。

日复一日,她开始觉得这样的生活很无聊,恰好在这时,丈夫有了外遇,对她越来越冷淡,紧接着他的生意又遭遇失败,一下子变得负债累累。她忍受不了贫穷的生活,于是和他离了婚,搬回父母家。从此以后,她一直满腹牢骚，既不出门，也不打扮自己，不去尝试做任何有益身心的事，只是整天在家哀叹自己命运悲惨，日子过得非常糟糕。

朋友们，当这位愁眉苦脸的女士向我诉苦时，我能说什么呢？她原本有机会实现自己的价值，过上独立自尊的生活，却不愿意付出努力，而在遭遇困境时，又只是一味逃避、抱怨，这样怎么能过上自己想要的生活呢？

我一直认为，无论男人女人，要获得成功和幸福，都需要努力，不是靠别人来施舍，而是要自己去赢取别人对你的喜爱、赢取社会对你的尊重。身为女性，即使一开始在社会的竞争中处于弱势地位，也不应该就此认命，放弃努力。事实上，谁也不能打击你，阻止你的努力，抹去你的闪光点，逼迫你接受命运的羞辱，除了你自己。

有一次，我参加一个私人酒会，举办者是我的一位女性朋友。她十分优秀，靠着自己的聪明头脑拿到了高等学位证书，在一家很有名的公司当职员。后来，在丈夫和朋友的支持下，她开了一家自己的店面，她花费了很多心思，把店面经营得十分出色。她本人也非常有活力和感染力，总是满面笑容，每个认识她的人都说，这是一位多么优秀的女士啊！

但是，在那天的酒会上，当其他朋友都离开之后，她邀请我再喝一杯，举杯时，她突然忍不住向我倾诉："真希望我是一个男人啊，生为女人，活在一个由男人创造的世界里，受制于男人的思想、信念和价值观，总是被要求成为男人眼中的'好女人'——既要贤惠、善解人意，又要任劳任怨、自我牺牲，不然就得忍受闲言碎语，实在太辛苦了。"

"我可不这样认为。"我回答她。我并非为了安慰她才特意这么说，事实上，我当时非常惊讶，因为我实在很难理解，为什么像她这样成功的女性也会如此不自信，以至于仅仅只是一些闲言碎语都会令她痛苦不堪？

或许，事情的真相正如她所说，女性处于弱势地位，受到环境和习俗的双重约束，但她不是已经凭借自身的才能和努力冲破了这些约束，改写了自己的命运吗？

经过这件事，我开始意识到，对很多女士而言，她们所面临的最大的敌人并非来自外界，而是来自她们的内心。外在的阻碍、磨难、来自别人的批评和伤害，并不能击垮一个内心强大、坚定、自信的女人。假如说她在阻碍和磨难面前止步不前，在批评和伤害里痛苦万分，那也并不是命运给予她的考验格外多，而仅仅是因为她的内心早已充满怀疑、否定、失落和绝望，是来自内心的阻碍和自我伤害毁了她。

我希望那些意识不到自己的优势，仅仅盯着生活缺憾，以及那些抱怨命运、因别人的打击而痛苦的女士牢记这句话：谁也不能打击你，除了你自己。只要你相信自己，你就可以拥有强大而不动摇的自信，在任何困苦和打击中处之泰然、宠辱不惊。

幸福是因为你接纳了真实的自己

 **卡耐基写给女人的话**

女士们，如果你期望能做你自己，你所要培养的首要态度就是：接受自己，并看重自己。

心理学家 A.H. 马斯卢曾在《动机和个性》一书中提及"接受自己"这个概念。他说："新动力心理学中有几个主要概念，那就是自主性、释放、人性、接受自我、推动意识和满足感。"

接受自己意味着，要全然认同自己的优点和缺点，全然保留所有让你之所以成为你的特性。此外，你还需要看重这一切，承认自己的独一无二，勇敢地活出和别人不一样的姿态。

不能做自己的女人，常常找借口，甚至抱怨说，环境迫使她放弃了自己做自己的可能，决定了她人生的位置。但实际看来，这是在为自己的软弱自圆其说。

一个女人将成为怎样的女人，固然与环境有关；但是，环境不能造就你，你之所以成为你自己，是你自己选择的结果。

我的书桌上有一封伊笛丝·阿雷德太太从北卡罗来纳州艾尔山寄来

的信：

"我从小就特别敏感而腼腆，"她在信上说，"我的身材一直太胖，而我的一张脸使我看起来比实际上还胖得多。我有一个很古板的母亲，她认为把衣服弄得漂亮是一件很愚蠢的事情。她总是对我说：'宽衣好穿，窄衣易破。'而她总照这句话来帮我选衣服。所以我从来不和其他孩子一起做室外活动，甚至不上体育课。我非常害羞，觉得我跟其他人都不一样，完全不讨人喜欢。

"长大之后，我嫁给一个比我年长好几岁的男人，可是我并没有改变。我丈夫一家人都很好，也充满了自信。他们就是我应该是而不是的那种人。我尽最大的努力要成为像他们一样的人，可是我办不到。他们为了使我开朗而做的每一件事情，都只是令我更退缩到我的壳里去。我变得紧张不安，躲开了所有的朋友。情形坏到我甚至怕听到门铃响。我知道我是一个失败者，又怕我的丈夫会发现这一点。所以每次我们出现在公共场合的时候，我都假装很开心，结果常常做得太过。我知道我做得太过分，事后我会为这个而难过好几天。最后不开心到使我觉得再活下去也没有什么意思了，我开始想自杀。"

后来什么事改变了这个不快乐的女人的生活呢？只是一句随口说出的话。

"随口说出的一句话，"阿雷德太太继续写道，"改变了我的整个生活。有一天，我的婆婆正在谈她怎么教养她的几个孩子，她说：'不管事情怎么样，我总会要求他们保持本色。''保持本色'……就是这句话！在那一刹那之间，我才发现我之所以那么苦恼，就是因为我一直在试着让自己应一个并不适合我的模式。

"在一夜之间我的心境完全改变了。在接下来的生活中，我从很小的细节开始做起，慢慢尝试着改变自己。我试着研究自己的个性，试着找出自己究竟是怎样的人。我研究我的优点，尽我所能去学色彩和服饰上的问题，尽量按照适合我的方式去穿衣服。我主动交朋友，我参加了一个社团组织——起先是一个很小的社团——他们让我参加活动，把我吓坏了。可是我每一次发言，就增加了一点勇气。这事花了很长一段时间，可是今天我所有的快乐，却是我从来没有想到可能得到的。在教养我自己的孩子时，我也总是把我从痛苦的经历中所学到的经验教给他们：'不管事情怎么样，总要保持本色。'"

女士们，如果你期望做你自己，你所要培养的首要态度就是：接受自己，并看重自己。无论好坏，每个人都需要创造一个自己的小花园；无论好坏，你都得在生命的交响乐中，演奏你自己的乐器。

还记得美国音乐家乔治的故事吗？乔治与当时已经成名的厄尔·柏林初遇时，只是一个正在奋斗的青年作曲家，为着每星期35美元的薪资而工作。柏林对乔治的才能大为赞许，想请他做自己的音乐秘书，开出的薪水是他当时所得的3倍。"不过还是别接受这个工作的好，"柏林劝道，"假使你接受了，你可能会发展成为二流的柏林。可是你坚持做自己，总有一天你会成为一流的乔治。"乔治记下了柏林的忠告，没有接受这份工作，靠着自己的努力和坚持，日后成了著名的音乐家。

生活中，很多女士不敢表达自己，不敢展现个性，时刻担心自己与众不同，遭人指点议论。这实在很可惜。不敢做自己的女人，只能泯灭个性，成为男人或他人的附庸，伴随着她的也只有苦楚、疲惫或烦恼。

我很喜欢伟大的哲学家伏尔泰说过一句话："幸福，是上帝赐予那些心灵自由之人的人生大礼。"这句话足以点醒每一个追求幸福的女人：要做幸福女人，你首先要当自己思想、行为的主人。换言之，女人只有完完全全做你自己，你的幸福才会降临。

　　我知道，你对此有着种种担心：如果你不从众，我行我素，你就要为此付出高昂的代价，譬如影响你的爱情、婚姻，使你与他人的关系紧张，甚至遭人厌弃。但是，从众行为所付出的代价会更高。从众意味着牺牲真实的自己，思考、感受以及行动都受他人支配，长此以往，你就会软化你内在的自己。而内在自我的虚弱，丧失的是你自主的能力，让你事事依靠他人，没有他人的指导和认同你就会惶惶然不知所措，失掉安全感。

　　所以，女士们，不要浪费时间去担忧自己与众不同，你在这世上完全是崭新的，前无古人，也将后无来者。勇敢做自己，你会取得只属于你的内在力量，并借此获得喜悦、幸福和成功。

内心强大的女人,用微笑让世界低头

卡耐基写给女人的话

女士们,像蒙娜丽莎那样微笑吧,如果你的脸上永远挂着蒙娜丽莎般迷人的微笑,那么你在别人眼里,就足以和天使媲美。

有一次,我的培训班新来了一位女学员。这位女学员长得非常漂亮,当她走进教室时,所有人都为她的美貌所惊叹。她的穿着打扮既时髦又得体,很符合她的高雅气质。唯一让我感到遗憾的是,她大多数时候显得过于矜持冷淡,几乎不苟言笑。当男性学员彬彬有礼向她搭话时,她也只是面无表情地点点头,一副拒人于千里之外的模样。渐渐地,其他学员都很少再和她交谈。

后来,这位女学员来找我,向我倾诉交不到朋友的苦恼。她说:"我拥有幸福的家庭,有一个爱我的丈夫、两个可爱的儿子,我的生活并不缺乏什么,可是从小到大,我都没什么朋友,这是我最大的遗憾。说实话,戴尔先生,我是抱着交朋友的希望才来参加您的培训班的,可是,我天生不善言谈,实在不知道怎样才能交到朋友,请您帮帮我。"

我看着她,她的脸上露出懊恼和无助的表情,非常动人。她的确是一位美丽动人的女性。可是,我决定告诉她实话:"女士,您很漂亮,但我相信您笑起来会更漂亮。您为什么不尝试着多向别人展露微笑呢？"

我相信，大多数女士在临出门前都会对着镜子打扮一番，看看头发是否凌乱、妆容是否恰到好处，唯恐因衣着的粗俗和妆饰的不雅而令人看不起。但是，不知道女士们有没有留意到这一点：很多时候，整理表情比整理服饰、妆容更重要。

不管花多少钞票为外貌加分，在脸蛋上涂多少胭红，假如没有愉快的表情，那就失去了大部分女性魅力。

我想起那天在街上遇到珍妮小姐，当时，她微笑着向我打招呼。我发誓，她的长相并非完美无缺，甚至都谈不上美貌，但当我看到她站在街头向我招手，生动活泼的笑容在她的脸上绽放出柔和的光芒时，我在心里忍不住夸赞："真是个漂亮的女人！"

珍妮小姐和我谈起她去参加联合航空公司招聘的事。她笑着说："我被录取了！"我为她感到高兴，由衷地向她表示祝贺。因为联合航空公司的招聘很难通过，这是一个公认的事实。接下来我问她是怎样通过面试的。

你们相信吗？这个开朗、坚强、独立的女孩，是完全凭着自己的本领去争取的。最后她被录取了。你知道原因是什么吗？就是因为珍妮小姐脸上总是带着微笑。

令珍妮惊讶的是，面试的时候，面试官在讲话时总是故意把身体转过去背对着她，你不要误会这位面试官不懂礼貌，他是在体会珍妮的微笑、感觉珍妮的微笑，因为珍妮应聘的是通过电话进行有关预约、取消、更换或确定飞机航行班次的工作。

那位面试官微笑着对珍妮说："小姐，你被录取了，你最大的资本是你脸上的微笑，你要在将来的工作中充分运用它，让每一位顾客都能从电话中体会出你的微笑。"

脸上的微笑，来自心底的温柔、善意和快乐。所以，你不需要看着珍妮的脸就知道她在微笑，她的笑容是由内而外的。只要你在她身边，和她接触，就能感觉到。

一个女人的微笑如同三月的春风，拂面而不撩人。拥有一张微笑的面孔，拥有一颗能够时刻绽放微笑的心，向周围的人传递你的快乐心情和幸福感受，让人感觉到你的自信、活力以及对生活的热爱，这样的女人即使长相并不出众，在人群中也会显得魅力无限。

让我们继续关注那位美丽动人的女学员的故事吧。在接受我的建议后，她开始尝试着向周围的人露出微笑。起初，她的笑容还有些僵硬，后来变得越来越自然。她仍然不善言辞，不擅长主动与人攀谈，但令人惊喜的事情发生了，其他学员逐渐改变了对她的态度，越来越多的人愿意和她交谈，尽管她只是坐在那里，微笑着聆听。

"我们对一个人的态度、看法、情感和行为，部分是被这个人'教会'的。"这是深度心理学的看法。简单来讲，你怎么对待一个人，对方也会报以相同的态度。如果你对别人冷淡，对方也会对你冷淡；如果你用笑容面对世界，那么世界也会被你感染，对你温柔以待。

生动活泼的微笑价值100万美元，我绝对不是随便说说而已，喜欢微笑的人，总会有希望。因为笑容就是善意的信使，可以照亮所有人。对一个女人而言，她的性格、她的魅力、她的吸引力都会成为她成功、受欢迎的原因。而在她的性格中，一个令人产生好感的因素就是她那动人的微笑。

聪明的女人，都懂得善用微笑的力量。微笑能给人以美的享受，是向他人发出的宽容、理解和友爱的信号，试问，如果这一抹微笑绽放在一位优雅、气质动人的女性的面庞上，又有谁能拒绝呢？我想说的是，作为女人，假如你善用女性的优势，那么你只需要一个笑容，就能让世界为你低头、给你让路。

总盯着自己缺点的女人是傻瓜

卡耐基写给女人的话

每个人都有自己的缺点,但问题的关键不在于你的缺点,而在于你有多少优点。

史迈利·布兰敦在一本书中写道:"适当程度的'自爱'对每一个正常人来说,是很健康的表现。为了从事工作或达到某种目标,适度关心和接受自己是绝对必要的。"

哥伦比亚大学教育学院的亚瑟·贾西教授也坚信教育应该帮助孩童及成人了解自己,并且培养出健康的自我接受态度。他在其著作《面对自我的教师》中指出:教师的生活和工作充满了辛劳、满足、希望和心痛,因此,"自我接受"对每名教师来说都是同等重要的。

布兰敦医师和亚瑟·贾西教授都讲得很对。女士们,要想活得健康、成熟,"喜欢你自己"是必要条件之一。但这是表示"充满私欲"的自我满足吗?不是的。这应该是意味着"自我接受"——清醒地、实际地接受自己的本来面目,当然,也包括接受你所有的缺点,以及那些让你和别人区分开来的某些特质。

我不知道女士们是否知道，今日，全美国医院里的病床，有半数以上是被情绪或精神出了问题的人所占据。据报道，这些病人都不喜欢自己，都将自己的缺陷放大无数倍，并认为自己就是所有缺陷所展示的模样，因此他们都不能与自己和谐地相处下去。

我并不想在此处分析导致这种情况的各种因素。我只是认为，在这个充满竞争的社会，我们往往以物质上的成就来衡量人的价值，再加上名望的求之不得、工作的枯燥乏味，处处都使我们的灵魂容易生病。我还坚信，普遍缺乏一种有力、持续的信念，更是人们精神迷乱的重要因素。

这种信念是什么呢？女士，它是一种坚定的自信，是一种在你失败时，在你不能证明自己的优秀时，仍然不会被撼动的信心。换句话说，当你能够和自己和谐相处，用更多的时间为自己的优点骄傲，而不是为缺点懊恼时，你就能够在这个充满竞争的社会免去不必要的焦虑感和挫败感，始终保有你的自信和快乐。

有一次，我上完课，班上有一位女学员来找我，她说："为什么大家都那么自信呢？我甚至都不敢在大家面前讲话，听到自己难听的声音，我说话就不敢大声，结果在演讲时，总是说得不清不楚，再想一想，我的思想是多么无趣啊，我简直没办法把事先构思的想法说出口了！您教教我，我该怎么办？怎么改进我自己，才能在众人面前自如地讲话呢？"

我微笑着对她说："你为什么不停止寻找自己的缺点，试着把目光转向自己的优点呢？难道你一个优点都没有吗？"

这个女学员当然有优点，尽管她的话语略显枯燥，但她的逻辑非常严密，条理非常清晰，这在演讲方面是一个很大的优势；尽管她的声音，如她所言，并不是那么动听，但在演讲时，声音动听并非必要条件，洪亮、有力的声音一样可以传达思想、说服听众。假如这位女士能够把关注的重点放在自己的优点上,好好利用和发挥自己的长处,那么,她一定可以拥有非常优秀的口才。

总盯着自己缺点的女人,不是像傻瓜一样吗?每个人都有自己的缺点,但问题的关键不在于你的缺点,而在于你有多少优点。比如,有的女人很可能不够漂亮,也不够聪明,但假如她温柔、善良、坚强,那我们能说这样的女人一无是处吗?如果你只盯着缺点,那么你很可能活得像这些缺点所定义的一样,仅仅只是一个不漂亮也不聪明的女人;假如你多发现自己的优点,挖掘出你身上那些让人亲近你、喜欢你的特质,那你就会发展并放大这些优点,活得非常出色。

决定一件艺术品和一个人的最终因素不是缺点。莎士比亚的作品中充满了历史和地理方面基本常识的错误,狄更斯则尽力在小说中渲染伤感的气氛。但是谁会计较这些呢?缺点并不妨碍他们成为一流的文学大师,因为优点才是最终的决定因素。我们在交朋友的时候也会感到对方缺点的存在,但是我们喜欢和他们交往是因为我们喜欢他们身上的优点。

女士们,自我完善的实现依赖于对优点的发挥,取长补短,而不是整天惦记着自己的缺点。要学会喜欢和接受自己,就必须挖掘自己对缺点的包容之心。包容不代表我们要降低对自己的要求,然后躺在床上睡大觉,而是要明白人无完人。没有人是完美的,如果你看自己时看到的永远是缺点,看别人时看到的总是优点,然后你拿自己的缺点和别人的优点去进行比较,那你当然会因为自己一无是处而感到懊恼。

成熟的女人不会在晚间躺在床上比较自己和别人不同的地方,为自己在某些方面比不上别人而感到焦虑。她们会把注意力更多地放在自己的过人之处、独特之处上,同时适度地忍耐自己的缺陷,正如她适度地忍耐别人的缺陷一样,她不会因自己的一些弱点而感到活得痛苦。

放下,让内心惬意丰润

 **卡耐基写给女人的话**

我们的一生会经历很多事情,心理上会渐渐存放很多情绪、感受,假如每一样得失、每一种悲喜,我们都死死抓住不放,那肯定很快会不堪重负。而且这些情绪、烦恼和失意,会表现在面容上、身体上,让我们看起来充满负能量,令人敬而远之。

女士们,在你们的心目中,最有魅力的女性应该是怎样的?我旅行全美各地,见过不少充满魅力的女性,后来我发现,她们之间有一些共同点,比如,她们并不一定拥有最美的面容,却一定有着优雅、淡然的气质,在她们身上,你看不到焦躁、紧张、抱怨、坏情绪,你看到的只有从容、淡定、知性,以及如春风般和煦的微笑。这样的女性,无论只是远远看着还是站在她身边,与她交谈,对我们来说都是一种享受。

为什么她们可以做到这一点,而有些女士却做不到呢?难道她们的人生更顺遂,遇到的压力和挫折更少?绝不是。我曾经遇到一位女士,她的丈夫是一名普通的公司职员,她自己也只是一家小公司的接线员,可想而知,他们并不富裕,而且,这位女士的儿子还患有先天性疾病,每个月都需要支出一笔药费。她甚至告诉我，她的父母在她很小的时候就过世了，要不是她的姨妈收养她，她很可能就要在孤儿院长大了。这的确不是一段顺遂的人生经历，但我敢保证，你要是见到她，一定看不出来她有过悲惨的遭遇，因为她看上去毫无忧虑之色，也从不抱怨命运。

假如你问她保持好心情的秘诀，她会微笑着说："我并没有刻意保持好心情，你看，我的姨妈对我这么好，把我养大，给了我最好的照顾，现在她依然健康、开朗，而我的丈夫和孩子简直是上天对我的恩赐，我的丈夫这么爱我，儿子又这么可爱，我还有一份工作，我为什么会心情不好呢？"

当时，我被她真诚的笑容深深打动了。我知道，她并没有刻意装出对过去的遭遇和现在的困境毫不在乎的态度，她是真的放下了这一切——过去的遭遇无法更改，她选择放下；现在的困境，她需要去面对它、解决它，抱怨根本无济于事，所以她选择放下，至少不让它影响生活和心情。因此，无论你在何时何地看到她，她都是淡定、轻松的模样，永远带着微笑。这样的女性，我们能说她没有魅力吗？

充满魅力的女性，内心淡定从容，因为她们从来不在心里存放有害的情绪。女士，我们的一生会经历很多事情，心理上会渐渐存放很多情绪、感受，假如每一样得失、每一种悲喜，我们都死死抓住不放，那肯定很快会不堪重负。而且这些情绪、烦恼和失意会表现在面容上、身体上，让我们充满负能量，活得沉重而痛苦。

听听另一位女士讲述的故事吧，这位女士名叫梅瑞，她刚刚经历了一场刻骨铭心的恋情，而就在不久前，她的恋人和她分手了。

"我们有过那么好的时光，他是一个帅气、温柔的人，他以前对我很好，我们曾经发誓要相守一生。我们已经开始讨论结婚的事了，可是……"尽管事情已经过去将近一年，梅瑞提及她的遭遇，仍然忍不住落泪，"可是，那天，我记得很清楚，那天是个阴天，天色不好，看起来快要下雨了，他忽然约我出来，我以为他要带我去看婚礼场地，然后两人共进晚餐，结果他见到我之后，开口说出的第一句话竟然是分手……

"从那以后，他就从我的生活里消失了，他搬了家，换了工作，让我再也找不到他，我也告诉自己，梅瑞，你不能么做，你不能去质问他，不能去求他，这样只会让你尊严扫地，可是，天哪，我多么想他！我也恨他，恨他没有履行诺言，恨他这么狠心抛弃我！但我能怎么办呢？有一段时间，我把自己关在房间里，谁也不想见，每天只吃一点点东西，现在，我总算好了些，可我还是放不下这件事，我没有一刻不想他，没有一刻不在诅咒他！"

被恋人抛弃的事实带给梅瑞很大的打击，她看起来很难从这件事带给她的痛苦中走出来。我非常理解，但事情过去一年了，这意味着她痛苦了一年！这也意味着这一年时间，她没有尝试着走出来，去迎接新的幸福。女士们，请你们试着设想一下，如果她就这样痛苦下去，始终放不下失恋的打击，那她岂不是一辈子都不可能得到幸福？

总是背着沉重的心理负担，不过是徒耗精力、浪费生命罢了。我在上课时，有时会要求学员们写下他们烦恼的来源，在这其中，常有人说到他们的同事延长午餐时间的行为，有个女人一再地表示这有多么恐怖。我问她这种状况持续多久了，她说已经 20 年了。真是难以置信，20 年来她一直为此生气，并为此警告周围的同事。接着我问她如何解决这个难题，她说没有一种方法有效，没人能使得上力。

我母亲也是一个例子。每当我们争执时，她就会提及生我时的往事，她说："当初生你是个痛苦，直到现在还是一样。"50 年后，她还是这句老话！

区分什么需要在意、什么需要放下，这真的很重要。一生背负着痛苦，除了一再地品味这种痛苦，又有什么用处呢？如果把自己钉在苦难的架子上活着，那我们这辈子将失去多少幸福和快乐的机会！

  放下，内心才不会被烦恼、痛苦这些负能量侵害；放下，才能获得内心的惬意丰润。我想请各位女士仔细去辨认生命里的得失和苦乐，那些无法改变的痛苦，让你感到愤怒的人和事，都要全然地放下，至少，你不能被它们绑架，不要因此而困住自己。只有这样，你才能在轻松惬意的心境下收获更好的人生。

自我赞美，就像你真心赞美别人一样

卡耐基写给女人的话

要喜欢、尊重、欣赏我们自己，这不但能培养出健康成熟的个性，也能增进与他人相处的能力。

纽约布鲁克林的一位四年级老师鲁丝·霍普斯金太太，在新学期的第一天，看过班上的学生名册后，有了一丝忧虑：今年，在她班上有一个全校最顽皮的"坏孩子"——汤姆。他三年级的老师不断向同事或是校长抱怨，只要有任何人愿意听。他不只是恶作剧，还跟男生打架、逗女生、对老师无礼、在班上扰乱秩序，而且好像是越来越糟。他唯一能稍事补偿的特质是：他很快就能学会学校的功课，而且非常熟练。发现这一点后，霍普斯金太太决定解决汤姆的问题。

在与新学生的第一次见面会上，她讲了些话："罗丝，你穿的衣服很漂亮。爱丽西亚，我听说你画画很不错。"念到汤姆时，她直视着汤姆，对他说："汤姆，我知道你是个天生的领导人才，今年我要靠你帮我把这个班变成四年级最好的班。"在头几天她一直强调这一点，夸奖汤姆所做的一切，并评论他的行为正代表着他是一个很好的学生。有了值得奋斗的美名，即使只是一个

9岁大的男孩也不会令她失望,而他真的做到了这些。

女性心思细腻,总是擅长发现别人身上的闪光点,并充满诚意和温柔地赞美别人——除了霍普斯太太,我还可以举出很多例子来证明这一点。但是,慢着,让我们正视这样的事实:她们通常擅长真心地赞美别人,却不善于赞美自己。

为什么会这样?我可以试着谈一谈我个人的看法:一方面,女性矜持、谦虚,不愿意让自己显露出张扬自信的一面,她们害怕被人指点;另一方面,女性大多对他人的不良评价很敏感,当她们受到批评或打击时,往往会动摇自信,陷入消极的自我否定之中。

玛丽是一位年轻的公司职员,公司老板认为她做事太笨,对她的评价不太好,为此,玛丽常常感到十分痛苦。我们试想一下:如果玛丽并不知道自己的老板对她的评价,她还会因此而不快吗?当然不会,一个人怎么会为自己不知道的事情痛苦呢?由此看来,造成玛丽心情不快的原因并不在于上司对她的看法,而在于她自己的感觉。此外,玛丽不快的原因还在于,她确信别人的看法比自己的看法更为重要,如果她认为自己并不太笨,并且通过自己的表现向老板证明这一点,她也就不会因此而痛苦了。

太过在意别人的看法,不仅仅意味着缺乏自信,更意味着对自我缺乏明确而坚定的认识,就像玛丽一样,靠别人的看法来定义真实的自我。女士,难道你不觉得这样很荒谬?某些时候,我们的确需要以他人为镜来照见自己,如果我们隔绝世外,不以人群为参照物,那很可能永远都不能认识自己。但是,记住这一点,是以他人为参照,而不是对他人的言语、评价、看法一一采纳。1000个人眼中有1000个哈姆雷特,假如你是哈姆雷特,你不可能让自己拥有1000种面貌,你只能做自己。

别人的看法,我们无权干涉。如果有人认为你不行,他看到的可能并不是你的全部，只有你自己知道到底行不行；如果有人不喜欢你，那也只是他一个人的喜恶，这并不影响你自己喜欢自己。别人的态度和评价并不能改变我们，除非我们愿意被别人的话牵着鼻子走。只要坚信自己是最棒的，并按照这样的想法去行事，那就一定可以改变他人的看法，改变世界对自己的态度。假如你自己都不相信自己，不喜欢自己，又怎么能指望别人喜欢你、承认你呢？

有一个电车车长的女儿，她想要成为歌唱家，但是她长得并不好看。她的嘴很大，牙齿突出，每一次公开演唱的时候——在新泽西州的一家夜总会里，她都极力想把上嘴唇拉下来盖住她的牙齿。她想要表演得很美，最终呢？她觉得自己出尽了洋相，注定了失败的命运。

但是，在那家夜总会里听这个女孩子唱歌的一个人，发现这个女孩很有天分。"我跟你说，"他很直率地说，"我一直在看你的演唱，我知道你想掩藏的是什么，你觉得你的牙齿长得很难看。"

这个女孩子顿时觉得无地自容，可是那个人继续说道："这是怎么回事？难道说长了龅牙就罪大恶极吗？不要想去遮掩，张开你的嘴，观众在乎的并不是你的牙齿，他们喜欢的是你的表演。再说，那些你想遮起来的牙齿，说不定还会带给你好运呢。"

这个名叫凯丝·达莉的女孩接受了他的忠告，不再去关注自己的牙齿，一心一意唱歌。从那时候起，她面对观众，总是热情而高兴地唱着。结果如何呢？她唱歌的天分，以及她独特的龅牙，使她从无数人中脱颖而出，成为电影界和广播界的一流红星。其他喜剧演员如今都还希望能学她的样子呢。

身为女人，学会自我接受和赞美很重要。那些天生的缺陷无可改变，只有懂得赞美自己、喜爱自己，才能够在他人的打击中稳稳站立，保持毫不动摇的自信心，不至于走进自我否定的泥潭；而对于那些可以改变的缺点，女人也需要懂得欣赏自己、肯定自己，深刻地认识了解自己身上的优势和缺陷，并学会化劣势为优势。所以，试着尊重、欣赏自己吧，这不但能帮助你培养出健康、成熟、独特的个性，也能增进你与他人相处的能力，更能实现你人生的价值。

世界很烦躁,你要对自己更加好

卡耐基写给女人的话

忧虑催人老,对女人来说更是如此。忧虑像能损花折枝的风雨,会很快摧毁一个女人的如花容颜。

很多年前的一个晚上,一个邻居来按我的门铃,要我和家人去种牛痘,预防天花。他是整个纽约市几千名志愿者中的一个。吓坏了的人们排好几个小时的队以接种牛痘。所有医院、消防队、警察局和大工厂里都设有接种站,大约有2000名医生和护士夜以继日地替大家种痘。怎么会这么热闹呢?因为纽约市有八个人得了天花——其中两个人死了——800万纽约市民中死了两个人。

我在纽约市已经住了37年,可是还没有一个人来按我的门铃,并警告我预防精神上的忧郁症——这种病症,在过去37年里所造成的损害,至少比天花要大1000倍。

从来没有人来按门铃警告我:生活在这个世界上的人中,每十个人就有一个会精神崩溃,而大部分都是因为忧虑和感情冲突引起的。所以我现在写下这些文字,就等于来按你的门铃,向你发出警告。

当你恐惧于细菌、病毒带来的可怕疾病时，女士，我希望你留意另一种更为可怕的疾病——由情绪上的忧虑、恐惧、憎恨、怒火、烦躁、绝望所引起的身体病症。这种情绪性疾病所引起的灾难正日渐增加、日渐广泛，而速度又快得惊人。

有的女士会问我，这些情绪是精神上的问题，怎么会引起身体上的病症呢？当然会了。那些容易紧张的人有更高的得胃病的概率，习惯发怒的人更容易患上心脏病，这些几乎已成为医学常识。事实上，我有一个朋友最近得了严重的心脏病，医生命她卧床休养，交代她不论发生任何情况都不得动怒。医生们都了解，如果心脏衰弱，任何一点愤怒都会要人的命。

身体和精神是紧密相连的。当你忧虑、紧张、恐惧时，你就很容易患上神经性的消化不良、胃溃疡、心脏病、失眠症、头痛症和麻痹症等。我这些话也不是乱说的，因为我自己就得过12年的胃溃疡。恐惧使我忧虑，忧虑使我紧张，并影响到我的胃部神经，使胃里的胃液由正常变为不正常，因此结果就是：我得了胃溃疡。现在我的病好了，感谢医生的尽心尽力，但我知道，最根本的原因是我的精神状态变好了。

请留意这个事实吧：过于激烈的情绪不仅会损害你的身体健康，还会催人老去，对女人来说尤其如此。忧虑像能损花折枝的风雨，它会很快摧毁一个女人的如花容颜。忧虑会使你的表情难看，会使你的脸上产生皱纹，会使你总是愁眉苦脸，会使你头发灰白，会使你脸上的皮肤产生斑点、粉刺甚至溃烂。

也许你们会怪我言过其实。不是的，女士们，我想你们也和我一样，认得一些女人，她们的脸因为长久忧虑而有皱纹，因为紧张焦躁而变了形，表情僵硬。不管怎样美容，对她们容貌的改进，也及不上让她心里充满宽容、温柔、平静、淡然所能改进的一半。我之所以不厌其烦地提及这些知识，并非危言耸听，只是希望你们在这个烦躁的世界，对自己好一点。假如你认为，遇到问题，受到欺负和委屈，是世界在伤害你，那么，当你靠生气来发泄，陷入忧虑、恐惧、绝望的深渊时，你就是在进行自我伤害。

因此，当我劝你对自己好一点时，我是从身心健康的角度出发的。能够平静、理智地去解决你所遇到的各种问题，这对女士的健康非常有好处。假如你不伤害自己，来自这个世界的伤害其实根本不算什么，不是吗？

或许，你接受了这个事实之后，又会向我诉说自己的无奈："有些事只能靠强势的态度、激烈的情绪来解决啊！"这又是另一种误解。很多时候，你越是对别人友善、温柔、宽容，越是用平静理智的态度来解决问题，你就会收获越多益处。

让我举一个例子。一位女士——一位社交界的名人——戴尔夫人，来自长岛的花园城。戴尔夫人说："最近，我请了少数几个朋友吃午饭，这种场合对我来说很重要。当然，我希望宾主尽欢。我的总招待艾米一向是我的得力助手，但这一次他让我失望透顶。午宴很失败，艾米也不见踪影，他只派了个侍者来招待我们。这位侍者对第一流的服务一点概念也没有。每次上菜，他都是最后端给我的主客。有一次，他竟在很大的盘子里上了一道极小的芹菜，肉没有炖烂，马铃薯油腻腻的，糟透了。我简直气死了，我尽力从头到尾强颜欢笑，但不断对自己说：等我见到艾米再说吧，我一定要好好给他一点颜色看看。

"这顿午餐是在星期三。第二天晚上，我正好听了一堂有关为人处世的课，内心渐渐平静下来：即使我发怒、吼叫，教训艾米一顿也无济于事。他会变得不高兴，跟我作对，不再为我提供帮助。我试着从他的立场来看这件事：菜不是他买的，也不是他烧的，他的一些手下太笨，他也没有办法。也许我的要求太高，火气太大。所以我不但决定不苛责他，而且打算以一种友善的方式做开场白,以夸奖的方式来和他交流。

"结果你猜怎么样?过了一个星期,我再度邀人午宴。艾米和我一起计划菜单,他主动提出把服务费减收一半。当我和宾客到达的时候,餐桌上被两打美国玫瑰装扮得多姿多彩,艾米亲自在场照应。即使我款待玛莉皇后,服务也不能比那次更周到。食物精美滚热,服务完美无缺,饭菜由4位侍者端上来,而不是一位,最后,艾米亲自端上可口的甜美点心作为结束。散席的时候,我的主客问我:'你对招待施了什么法术?我从来没见过这么周到的服务。'她说对了。我对艾米施行了友善和诚意的法术。"

是的,这就是控制情绪,以平和的心态解决问题所带来的好处。我不知道女士们是怎么想的,因为我以前也曾为情绪和心态的问题付出过代价。但是,假如你们希望留住容颜,希望身心健康,希望获得别人的尊重和喜爱,那么,请对自己好一点,不要轻易受外界影响,保持自己内心的宽容、淡定,保持情绪的平和、安宁,我相信,能够做到这些的女人,一定可以在这个烦躁的社会中感受到更多的内在幸福。

第二章
越是对自己温柔，内心就越强大

在人生这场旅途中,每个女人都拥有天赐的礼物:爱。增进爱的能力,学会有节制、有智慧地去爱,是女人一生的课题。对于一个女人来说,如果为爱失去自我,那她将永远得不到幸福。女人需要在爱的世界里留下更多空间,温柔地爱自己。

甜言蜜语永不嫌多

卡耐基写给女人的话

当你感到一股穿堂风吹过或觉得闷热时,你会说些什么呢?你会脱口而出"真凉快"或"真热"。无须多想,也用不着长篇大论,爱的语言就是这样。如果你正和爱人待在一间屋里,你觉得能和他在一起真高兴,那你就对他说:"和你在一起我真高兴。"

法国拿破仑三世,也就是拿破仑的侄子,曾爱上了全世界最美丽的女人特巴女伯爵玛利亚·尤琴,并且和她结婚。他的顾问指出,她的父亲只是西班牙一个地位并不显赫的伯爵。拿破仑三世反驳说:"那又怎样?"她高雅,妩媚,年轻,貌美,使他内心产生了一种强烈的向往之情。在一篇皇家文告中,他宣称:"我已经选上了一位我所敬爱的女人,她是我心目中第一个漂亮的女人!"

拿破仑三世和他的新婚妻子,拥有财富、健康、权力、名声、美丽、爱情、尊敬——一切都符合一个十全十美的浪漫史。他爱情的火炬从未像今天燃烧得这么旺盛、狂热。但这圣火很快就变得摇曳不定,热度也冷却了,只剩下了余烬。拿破仑三世可以使尤琴成为皇后,但不论是他爱的力量也好、他帝王的权力也好,都无法阻止这个法兰西女人的猜疑、嫉妒、吵闹和由此而来的刻薄辱骂。

她中了嫉妒、疑心的蛊惑，竟然藐视他的命令，甚至不给他一点私人的时间。当他处理国家大事的时候，她竟然冲入他的办公室里纠缠不休。当他和大臣们讨论重要的事务时，她却干扰不断，不依不饶。她不让他单独一个人待在办公室里，总是担心他会跟其他女人亲热。拿破仑三世虽然身为法国皇帝，拥有十几处华丽的皇宫，却找不到一个安静的地方。

尤琴这么做，能够得到些什么？

莱哈特的巨著《拿破仑三世与尤琴：一个帝国的悲喜剧》中这样写道："于是拿破仑三世常常在夜间，从一处小侧门溜出去，头上的软帽盖着眼睛，在他的一位亲信的陪同之下，真的去找一位等待着他的美丽女人，再不然就出去看看巴黎这个古城，溜达溜达神仙故事中的皇帝所不常看到的街道，放松一下自己经常受压抑的心情。"

这就是尤琴所得到的后果。不错，她坐上了法国皇后的宝座。不错，她是世界上最美丽的女人。但她的尊贵和美丽，并不能保持住她那甜蜜的爱情。尤琴可能在得知这一切后会提高她的声音，哭叫着说："我最怕的事情，终于降临在我的身上。"其实这一切都是她自找的，这都是她的唠叨和刻薄的言语所导致的结果。

怎么回事？尤琴毫无疑问爱着她的丈夫，但为什么表达出来的不是爱，而是苛责、抱怨，甚至侮辱呢？原因很简单，她不懂得如何运用爱的语言。爱的语言，有时候比你心中的爱更重要。因为埋在心中的爱，谁也看不见，只有当这种爱变成爱的语言或行为时，你的爱人才能感受到你对他的爱。所以，那些口是心非的女士需要注意：当你心中有爱时，那就只表达爱；当你对爱人生出不满或者责怪时，也请记起你对他的爱，然后选择柔软的沟通方式，选择对他说出甜蜜的爱语，而不是刻薄的责骂。

恶毒的语言，就像眼镜蛇咬人一样，具有强大的毒害性，常常使甜蜜的爱情破裂，更有甚者导致了家破人亡的后果。

托尔斯泰伯爵的夫人也发现了这一点，可是太晚了，在她逝世之前，她向几个女儿坦承道："是我害死了你们的父亲。"她的女儿们没有回答，抱头大哭。她们知道，母亲不断的埋怨、永远没完没了的批评和唠叨，害死了父亲。

托尔斯泰是19世纪末20世纪初俄国最伟大的文学家，也是世界文学史上最杰出的作家之一，他的两本巨作《战争与和平》和《安娜·卡列尼娜》，在世界文学史上占据了举足轻重的地位。

然而，托尔斯泰的一生又确确实实是一场悲剧，而之所以成为悲剧，原因在于他的婚姻。他的夫人喜爱华丽，热爱名声和社会的赞誉，但这些虚浮的事情，在托尔斯泰眼中没有分毫价值。她渴望金钱财富，但他认为持有财富和私人财产是一件罪恶的事。

多年以来，由于托尔斯泰坚持把著作的版权送给需要帮助的人，她不停地唠叨着、责骂着和哭闹着。当他不理会她的时候，她就歇斯底里地叫起来，在地上打滚，手上拿着一瓶鸦片，发誓要自杀。

他们一生中的一次相谈，我认为是历史上最令人怜悯的一个场面。在他们刚结婚的时候，他们过得非常快乐；但过了48年以后，他对自己太太的行为非常反感。有一天晚上，这位年华已逝、心已碎的妇人，由于渴望得到热情，走来跪在他的面前，乞求他为她大声读他在50年前为她所写的一段充满浓情蜜意的日记。当他读出那早已逝去的美好的快乐时光后，两个人都流下了眼泪。现实的生活，和他们原来拥有的罗曼蒂克之梦多么不同！

在托尔斯泰82岁时，他再也不愿见到自己的太太，于是在1910年10月一个下着大雪的夜里，他悄悄离开了他的夫人。11天以后，他因肺炎死在一处火车站里。他临死前的要求是，不让他的夫人到他的身边。

这就是托尔斯泰伯爵夫人唠叨、抱怨和歇斯底里所得到的结果。

或许你会觉得，抱怨、唠叨在所难免。问题是她能从中得到些什么好处呢？责骂、抱怨是否能把事情办好？能否让她自己变得更好？能否帮助她从丈夫那里得到爱的回报？

"我真的认为我是神经病。"这就是托尔斯泰伯爵夫人对这段经历的看法，但是已经太晚了。

做一个好妻子，不妨以鼓舞代替苛求。"一个丈夫若受到苛求，他情愿住到露天的屋顶上，也不愿回到家里。"喋喋不休的苛求让男人越发沉溺于不良嗜好之中。如果你能接受一个"真实的丈夫"，以甜言蜜语代替责骂，以鼓舞代替苛求，丈夫将成为世界上最快乐、最爱你的人。

永远要记得说爱的语言，记得要用爱来表达爱，而不是让充满爱的心演化为恶毒的语言和态度，向你最爱的人发动攻击。温柔的甜言蜜语永不嫌多，女士，你会因为说甜言蜜语变得更加柔情、更加令人喜欢和着迷；而你爱的人，也会因为这些甜言蜜语而感到愉悦、幸福。

也许有的女士会感到疑惑，认为说甜言蜜语是男性的天职，男性应该向女性说甜言蜜语来赢得她们的青睐。还有的女士会说："我也不知道怎么了，甜蜜温柔的话就是说不出口，是因为羞涩，还是因为放不下矜持，我也弄不明白，何况，有时候真不知道能说什么，面对那个和你结婚多年的男人，你还能说什么呢？"

女士，让我来问你，当你感到一股穿堂风吹过或觉得闷热时，你会说些什么呢？你会脱口而出"真凉快"或"真热"。多么自然！爱的语言也是这样，无须多想，也用不着长篇大论。如果你正和爱人待在一间屋里，你觉得能和他在一起真高兴，那你就对他说："和你在一起我真高兴。"就这么简单。假如你真的爱他，现在就告诉他；假如你感受到了他的好处，随时赞美他。女人爱听甜言蜜语，男人同样需要这样。

温柔是女人的秘密武器

卡耐基写给女人的话

一个温柔体贴的女人,不会让丈夫在公众场合丢脸,也永远不会让他心存怨气。

英国伟大的政治家狄斯瑞利说过:"我一生或许会犯许多错误,但我永远在打算为爱情而结婚。"他曾向一位有钱的、头发花白且比他大15岁的寡妇恩玛莉求婚。也许我们都会问:他们之间存在爱情吗?她知道他不爱她,知道他是为她的金钱而娶她,所以她只要求一件事:请他等一年,给她一个机会研究他的品格。一年快到了,她与他结了婚。

这个故事听起来有些好笑,也够矛盾的,狄斯瑞利的婚姻,是在所有破坏了的、玷污了的婚姻史中一个最充溢生气的婚姻。他所选择的有钱寡妇既不年轻,也不美貌,更不聪敏。她说话时常发生文字或历史的错误,令人发笑。例如,她永远不知道希腊人和罗马人哪一个在先。她对服装的兴味古怪,她对房屋装饰的兴味奇异,但她是一个天才,一个确实的天才,表现在婚姻中最重要的事情——对待男人的艺术上。

她没有用她的智力与狄斯瑞利对抗。当他一整个下午与机智的公爵夫人们钩心斗角地谈得精疲力竭后回到家，恩玛莉永远对他温柔以待，她与他轻松闲谈，用动听的声音和柔软的语言安抚他的疲累，他们共同的这个家，成为他获得心神安宁，并沐浴于恩玛莉的敬爱的温存中的地方。这些与他的年长夫人在家所过的时间，是他一生最快乐的时间，她是他的伴侣、他的亲信、他的顾问。每天晚上他从众议院匆匆赶回家，告诉她日间的新闻，无论他说什么，恩玛莉都认真倾听；无论他从事什么，恩玛莉都相信他一定会成功。

30年来，恩玛莉为狄斯瑞利而生活，她尊重自己的财产，因为那能使他的生活更加安逸。狄斯瑞利说她是自己的女英雄，在她死后他才成为伯爵；但在他还是平民时，他就劝说维多利亚女王擢升恩玛莉为贵族。所以，在1868年，她被封为毕根菲尔特女爵。

30年来，恩玛莉从未厌倦她的丈夫，她谈起他时，面对他时，话语、表情总是无比温柔。结果呢？无论她在公众场所表现得多么无知，狄斯瑞利永不批评她，他从未说过一句责备的话；而且，如果有人敢讥笑她，他会毫不犹豫地护卫她。"我们已经结婚30年了，"狄斯瑞利说，"她从来没有使我厌倦过。"

"谢谢他的恩爱，"恩玛莉习以为常地告诉他与她的朋友们，"我的一生简直是一幕很长的快乐。""你知道的，"狄斯瑞利会说，"无论怎样，我不过为了你的钱才同你结婚。"恩玛莉笑着回答说："是的，但如果你再重选择一次，你就要为爱情而与我结婚了，是不是？"这虽然只是两个人的玩笑话，不过他承认那是对的。

一个女人最有力的武器是什么？美貌，金钱，才华？都不是。女人最大的武器是温柔、体贴、善解人意。美貌会让人爱慕你，被你吸引；金钱可以给你带来优裕的生活享受；才华可以让你被人尊崇，促使你走向成功，但是这些并不能保证你终生幸福。假如你拥有美貌、金钱和才华,却永远咄咄逼人,永远无法与你爱的人好好相处,那么这样的女人,很难说会获得幸福。

来听听派克斯先生是怎么说的:"我确信,一个男人不但可以成为他理想中的人,而且也可以成为他太太所期望的人。好几年来,我曾雇用过许多人,但是在我和他们的太太谈过话以前,我绝不会把一个需要信任或是负责任的职位交给他。妻子的人生观,以及她对待她先生的态度,愿意鼓舞她先生的士气的程度,可以决定一个男人在事业上的成败。"

派克斯先生是个事业成功的男人,拥有派克斯货运和装备公司。但一开始,他只是个穷光蛋,他说:"我太太在嫁给我以前要什么有什么——父母亲有钱,受过良好教育,有个快乐的家。而我当时没有钱,只受过很少的教育,没有什么可以运用的资产——除了有想要自己闯天下的欲望以及她对我的信心与信任之外,我什么东西也没有。

"在我们婚后最初那几年的困苦日子里,当我面对失败与挫折的时候,她从来没有表示过失望,也从不对我横加指责,甚至,当我偶尔因为心情不好对她没有好脸色时,她也从未离我而去,而是在一旁温柔守候,她温柔却坚定地肯定我、激励我,鼓舞着我继续努力。

"在我的生命中,如果有什么成功,都是由于我太太不断给我支持。过去几年来,她患了重病,但是她从来没有失去她的温柔和微笑。早晨我离家的时候,她从不会忘了和我说一句:'愿你有愉快的一天!'当我回家的时候,她会很愿意听我讲讲这一天的情形。假如我懒得说话,她就会和我谈一谈她当天的有趣见闻,都是些小事,但她会微笑地看着我,语调轻柔,毫不刺耳,我即使心情不好,也会很愿意倾听。天哪,这么多年,我对她的爱有增无减,即使看着她慢慢变老了,脸上有皱纹了,我依然那么爱她,爱她对我展露的微笑，爱她和我说话的声音，爱她永远不变的温柔，我祈祷着我将永远不会令她失望。"

一个温柔体贴的女人，不会让丈夫在公众场合丢脸，也永远不会让他心存怨气。想要家庭生活快乐，女士，请记住一项原则：对他温柔，体贴他，理解他。正如美国电影协会会长夫人艾立克·强斯顿夫人所说："温柔、友善、和气的女人，是无价的资产。工作繁忙的男人，常常因为太专心于工作，而没有办法建立增进生活情趣的、温暖的人际关系。如果他的妻子无论走到哪里都能够制造出一种温暖人心的气氛，那么他是极为幸运的。"同样，像这样的一个女人，在丈夫事业向前迈进的时候，永远也不会被遗落在身后，她将会拥有美满的家庭、甜蜜的爱情，以及幸福的生活。

爱是最好的精神食粮

卡耐基写给女人的话

爱是一种最适当的食粮,我们的精神靠着它生存和成长,如果没有爱情,我们的道德心就会弯曲变质。

"小孩子觉得没有人爱他,这是少年犯罪的主要原因之一。"纽约市少年家庭董事会秘书、社会工作专家艾西尔·H.怀特先生在社会工作讨论会上说了这样的话。我认为这种说法是正确的,我和我妻子曾经在俄克拉何马州艾尔·雷诺的联邦少年感化院对少年犯们讲授有关人际关系的课程。

缺少爱,似乎是所有这些不幸的孩子的普遍问题。有个少年说,他的母亲从不给他回信,后来他写信告诉他母亲,说他正在上一些课,这些课程使他觉得已经把自己的外貌改变得比以前好多了。不久他母亲写信给他,说她认为没有东西能够对他有好处,监狱是他最适合去的地方。

另一个男孩,19岁的汤米有10年以上的时间是在孤儿院和感化院度过的。他说:"我们最需要的,就是有人来爱我们。但是从来就没有人爱我或要我。在我16岁以前,我没有得到过一件圣诞礼物。"

这些忍受着情感缺乏的孩子,常常会以犯罪补偿这种基本的缺陷,就像一个饿昏了的人,当他找不到食物的时候,会毫不犹豫地吃下对身体有害的杂物。

爱是一种最适当的食粮,我们的精神靠着它生存和成长,爱情同样如此。如果没有爱情,我们的道德心就会弯曲变质。"一个普通人所能说的最正确的话就是,"心理学家高登·W.沃尔波特说,"他从来不会觉得,他的爱或是别人给他的爱已经使他满足了。"

确实,爱在人类社会里的潜力就如同原子能那样大。爱情能够产生,而且的确每天都在产生奇迹。你是否意识到,女士,你给别人的爱,将为对方带来什么?你给你丈夫的爱,很可能成为他幸福生活、事业成功不可缺少的动力;你给身边人的爱,也许是每个人生活里最温暖的阳光。

在一次公共讨论中,我曾听到别人讲起什么是男人,那什么是女人呢?在没有人给出更好的定义之前,我想告诉大家我对这个问题的看法。女人是来自天堂的珍贵礼物,带着连无所不能的上帝都无法给予的伟大的爱;她会净化、抚慰和照亮我们的家庭、社会;很少有人能意识到女人的这些价值,除非那个人的母亲与他共同生活了相当长的时间,或是那个人遭遇了一些重大的人生变故,失意落寞,他的妻子却坚定地站在他的身边,使他重新树立了对生活的信念。

我不是在恭维你们,各位女士,这都是真的。甚至,一个女人给了她的丈夫哪一种爱情,也会影响到子女的幸福。没错,身为女人,你们的影响力就是这么大。美国家庭关系协会会长保罗·柏派诺博士在全国教师家长联谊会上演讲时,说:"教师家长联谊会,如果愿意在年会里完全不谈小孩子的事情,而讨论如何使丈夫和妻子更加相爱,也许对小孩子的幸福会有更大的贡献。"

当意识到这一点,你是否还会吝啬于付出你的爱?是否还会在一段感情里斤斤计较自己的收益和付出？让我来向你说明，爱情的价值绝对不同于一般的价值，它表现为相爱双方的需求和满足这种需求的行为、活动及方式的统一。真正的爱情，不是单纯的给予，也不是单纯的满足，而是给予和满足的统一。

简单来说，你想要得到爱，就需要付出爱。你的爱对别人而言是最好的精神食粮，同样，被别人爱着，对你来说也是最好的精神食粮。所以，西德尼·史密斯说："爱与被爱都是世界上最美好最幸福的感觉。"

那么，怎样做才能始终生活在爱里呢？以下有一些针对女士提出的建议：

1. 每天都要表现出爱心

许多女人碰到危机的时候，都能够高明地应对；可是，很少有人知道要带给丈夫每天最渴望的爱情面包。假使丈夫失业了或是患上结核病，很多女人都能够像直布罗陀海峡的岩石那么坚韧，尽己所能帮助丈夫。但是，在生活一帆风顺时，妻子往往很少向丈夫表达他在你的心中是何等重要。这样一来，丈夫自然也就懒得说甜言蜜语了。

曾经有人把夫妻间对爱情的冷淡叫作"精神食粮不足"。这是一个很恰当的比喻。因为，男人不是只靠面包就活得下去；有时候，他也需要一块加了一点糖霜的爱的蛋糕。

2. 培养好心情——把事情看开一点

有责任心的妻子，常常会患上完美主义者的毛病。孩子们的行为总是要管教好；晚餐要做得美味可口；家里要一尘不染。完美主义者常常过分注重细节，而忽略了重要的事情——培养好心情。不要把小事搅得天翻地覆，把事情看开一点，时刻保持好心情，可增进夫妻间的感情。

3. 对于每一件小事，都要表示谢意

生活中，很多女人不知道丈夫每天为她们做了很多事情，因为她们习惯性地认为丈夫的付出都是理所应当的。一位妻子曾经认为她丈夫对家庭没什么贡献，无所事事。她以为要他去弄杯水来喝也是个大工程，他不会换小孩子的尿布，或是弄紧一支漏水的水龙头。然而，有个夏天他到欧洲去了，她才惊讶地发现，他每天都为自己做了许许多多的琐事，她却没有向他说过一声谢谢，现在她必须自己去做那些事了。

在婚姻生活中，每个男人都很希望听到妻子发自内心的爱的表达。如果他所做的每件事情，妻子都视为理所当然而不加致谢，天长日久，丈夫可能就会对自己的婚姻产生怀疑，美满幸福的婚姻也就成了过去式。

4. 要体贴

当丈夫忙碌一天回到家里想休息一会儿的时候，我们却任性地想拖着他出门陪自己逛街，这是不行的。体贴的妻子都懂得体谅丈夫，在爱情婚姻中给彼此留下个人活动的空间。

上面说的这些，是不是就像许多妻子所做的、没有报酬的努力？妻子在一生中慷慨地奉献给丈夫的爱情，难道丈夫会不知道感谢吗？

打赌丈夫会感谢的！我就看过一个十全十美的妻子，得到了丈夫的敬爱。安格斯先生所说的话，也是为其他许许多多幸福的丈夫说的："很可能因为我娶了这个女人，所以我才比大部分男人更加幸福。我所能给她的最大赞赏就是对她说，如果我能够回到32年前，而且了解我现在了解的事情，我仍然愿意再和她结婚——只要她愿意再嫁我！我所获得的任何成功，都直接来自这位可爱的妻子的陪伴。"

如果没有爱情，成功又有什么意思呢？缺乏爱情，财富和权势也就等于废物和灰烬。如果你的丈夫从你深挚的爱情里得到了安心和幸福，那么，他带给你的幸福和爱当然也会大大地增加。

让婚姻成为幸福的温床

 **卡耐基写给女人的话**

妻子的职责,就是帮助她的丈夫成为他理想中的那个人。

"生命带给女人的最伟大生涯,就是做个好妻子。"艾森豪威尔夫人这样说。"妻子的职责,就是帮助她的丈夫成为他理想中的那个人。"我的妻子也说过这样的话,这让我很感动,而我的妻子也确实是这样做的。

女士,也许你会觉得,这些说法过于片面,当然,我必须首先强调一点:女人拥有自身的独立价值,并不需要依靠丈夫来证明自己。但是,我们每个人——不管是男人还是女人——都生活在社会、人群当中,我们拥有各种身份,我们都生活在这些身份里,不是吗?因此,考虑到你的人生的一大半时间都将与丈夫共度,努力成为一位好妻子,就不仅是为了证明自己身为妻子的价值,更是你爱自己的一种方式:让你的婚姻成为幸福的温床,让你的人生更加精彩、快乐。

那么,什么样的妻子才是好妻子呢?各人要求的标准并不相同,但有一些原则是大家一致认可的。

1. 不要成为丈夫背后的女人

没错,绝对不要甘愿站在丈夫背后,自我牺牲,成为被丈夫遗落在身后的妻子,因为这样做并不值得同情。这种人通常是太懒了,或是不肯用心地利用周围的机会来改进自己。

"跟上丈夫在事业中随时改变的步伐,是婚姻幸福的真正关键。"这是美国电影协会会长夫人艾立克·强斯顿夫人的观点。我对此非常认同。一个"好妻子",应该是昂头挺胸站在丈夫身边,拥有自己的魅力和能力,而不是灰头土脸,从不修饰自己、提升自己,永远站在丈夫的阴影里。

2. 做一个有品位的女人

人们总是觉得品位是属于社交场合的范畴,那是一种错误的认识。一个真正有品位的女人,并不是做给别人看的,品位渗透于你周围的每一个角落,这自然也包括你的婚姻生活。

一个有品位的妻子,即使心情有些不快,在回家之前,也会换上一个好心情。在进家门或把钥匙插进门锁之前,先做几次深呼吸,放松一下脸部僵硬的肌肉,舒展一下紧蹙的眉头,对自己说一句:"让所有的烦恼都见鬼去吧,在这个属于我和我丈夫的小天地里,我永远是快乐的。"我建议所有的妻子不妨试一下,这样的方法对一个女人调整自己的心情大有好处。

有品位的妻子还应是一个体贴的妻子,不会让丈夫在公众场合丢脸,也不会让他心存怨气。

现实生活中,有些妻子并不了解丈夫的心理,在公众场合也自觉不自觉地展示在家里的威风,当众显示自己对丈夫的管束权威,自以为得意。聪明的妻子应该懂得在什么场合、什么时候给丈夫留面子,把握这种分寸可以说是一种艺术。

在家里待客时,妻子要注意约束自己的言行,避免使用命令的口吻对丈夫说话，或做其他有损丈夫威信的事情。在交际场合，妻子更要注意自己的身份，把握自己的言行，注意不喧宾夺主。每个女人都应尽量表现出有教养，与丈夫同心同德、互敬互爱的妻子形象。不要轻易为一些小事大发雷霆，给他们闹难看，即便是为了他们好，也应注意自己的方式和方法。在说话时，妻子不要"臭"自己的丈夫，揭他们的短，把他们搞得很狼狈。

3. 让婚姻充满创意

有人做过粗略的统计，把每个人一生中的激情加起来，最多不会超过3个月。当两个人从爱情走向婚姻，相互间的吸引力及激情也就随着在一起的时间的增多而变淡。于是，有人会说："婚姻是爱情的坟墓。"其实，就算不结婚，太长时间的马拉松式恋爱也会消耗彼此的激情，最终使爱情自动消散。

新婚的青年男女往往憧憬着日子过得温馨、浪漫。情人节的时候，妻子希望能收到丈夫表情达意的玫瑰；圣诞节的时候，妻子希望丈夫能牵着自己的手去最有情调的教堂祈祷；在结婚纪念日时，妻子更希望丈夫能出其不意地给自己以惊喜。然而，当日历像树叶渐渐由青变黄而飘落，那些希望也如黄叶般飘落了。

作为婚姻生活中的一方，用心营造二人世界对女人来说也是非常重要的，要常常出其不意地给他点惊喜。比如，在特殊的日子别忘了给男人买一件小礼物。送小礼物似乎是男人讨好女人的"专利"，其实不然，许多男人同样也渴望在自己生日或有意义的日子能得到女人的小礼物，那不单单是物质的馈赠，更重要的是体现了女人对男人的关爱。

试着经常保持距离，让每一次小别之后重燃昔日的温馨。"距离产生美"，这样的生活创意给人的热情胜过了长相厮守。

4. 学会宽容对方

女人最让男人讨厌的缺点之一就是不宽容。

男人对女人有着天生的亲近，也有天生的畏惧、天生的嫌恶、天生的憎恨。在女人面前，男人始终无法摆脱这种与生俱来的天性。无论多么以性能力自豪的男人，总会有为维持自己的男性身份而奋斗的焦虑。

这就如同一个世界冠军，他最大的压力正是自己的身份。男人自从意识到自己的男性身份后，就陷入了时时刻刻要证明自己是男人的泥潭。能够允许男人沉迷于一些没有意义的小事的女人是宽容的。比如拿打火机拆来拆去研究，或偶尔打打电脑游戏。这些毛病往往是男人的心理缓冲，宽容他们是更好的关怀和督促，是更深的爱。

能够放任男人和朋友们消磨时光的女人是宽容的。因为男人需要时不时地回到少年时光，这是少年时逃避母亲过分的爱和关心的心理的再现。

能够让男人和其他女人交往的女人是宽容的。爱美之心人皆有之，男人天生喜欢在所有女人身上寻找美来观赏，但并不是所有男人都是见一个爱一个。事实上，有好的观赏力的男人多半会更加爱护自己的妻子。

能够在男人不图进取时保持适当沉默的女人是宽容的。总的来说，没有一个男人在一生中都是勇往直前的。大多数男人总会遇到周期性的情绪波动和行为上的调整。鞭打快牛的结果往往会适得其反，男人并不总是需要激励。

5. 掌管好家庭的财务

家庭收入的花费，往往是婚姻生活里必须调节、适应的主要地方，妻子的工作之一就是做一个理财能手。

不要埋怨丈夫赚钱不够多，要在有限的收入中审慎支出，依照预算处理家庭财政，使经济生活安定乃是减少夫妻龃龉的好方法。

6. 懂得与丈夫的相处之道

聪明的女人看重与丈夫的关系，她们喜欢用另一种方式享受一对一与丈夫谈心的时间。每周五晚上，他们把孩子托给他人照顾，一起牵手下馆子、看电影、欣赏戏剧、到山区散步、拍摄野花的照片等。他们经常利用累积的飞行里程数，以优惠票进行旅行。他们光着脚走在沙滩上，凝望波涛起伏，反省婚姻生活，思考来年要实现哪些目标。然后，他们回到日常生活中，整个人焕然一新，专注于未来。他们认定一对一的谈心时间在婚姻中的价值，他们甚至愿意照顾孙儿，让已婚的子女与配偶得以独处，重新获得力量。

7.保持形象的美丽

保持窈窕的身段：所有的丈夫都希望妻子是一个曲线玲珑的女人。如果你的吨位超重，你必须立即采取行动来除掉身上那些不受欢迎的脂肪，否则，恐怕你整个人都不会再受欢迎了。

衣着翻新：没有比长年累月穿同一件衣服、同一件睡袍令人兴味索然的事了。而精心刻意的穿着可以带来罗曼蒂克的气氛，使他对你永远保持新鲜的爱情。

真诚地欣赏对方

 **卡耐基写给女人的话**

如果你要保持家庭生活快乐,保持爱情的幸福和甜蜜,一个重要的原则是给予对方真诚的欣赏。

"如果一位女办公室主任应邀吃一次午餐,但她总是将大学时代的那些哲学思潮作为谈话的内容,甚至坚持自付餐费,那最后的结果只能是,自此以后她就独自吃午餐了。

"反过来说,即使只是一个未进过大学的打字员,在应邀吃午餐的时候,她能温情地注视着她的男伴,仰慕地说:'再给我讲些有关你的事。'最后的结果可能是,他会告诉别人:'她不是十分美丽,但我从未遇见过比她更会说话的人。'"

每个男人都需要女性的欣赏和支持。"每一个男人事实上都是两个人,"查士德·斐尔爵士写道,"一个是他真正的自己,另一个是理想中的自己。"如果一个人本来是羞怯的,他就想要勇敢些;如果他并没有广受欢迎,他就想要被大众所喜爱;如果他缺乏信心,他就渴望成为毫不惧怕的人。

妻子的职责,就是帮助丈夫成为他理想中的那个人。

请留意这个道理吧,女士。为什么你需要这么做呢?假如你要与一个你爱的男人共度一生,那么,为了更幸福的未来,帮助你的丈夫就是理所当然的事。学会当一位优秀的妻子,是为你自己的幸福着想。温柔地去爱别人,就相当于温柔地爱你自己。

所以,请允许我向你转达玛格丽特·芭——一位出色的作家的劝告,做妻子的人,永远不可以对丈夫说"你失败了"。她在写给某杂志的一篇文章里写道:"如果他真的失败了,他的老板会毫不迟疑地告诉他。但是在家里,在早餐的时候,在床上,人们应该勉励他,人人都可以成功的,向丈夫说'你无论如何也不会成功'的妻子,只会使这句话更快实现而已。"

这是千真万确的。一个女人说出的经过明智选择的话,可以改变一个男人对自己的整个看法,使他变得更好,使他对生命有全新的看法。我们可以拿汤姆·强森——一个年轻的第二次世界大战退伍军人的例子来说明这一点。

汤姆·强森在战争中受了伤,他的一条腿有点残疾,而且疤痕累累。幸运的是,他仍然能够享受他喜欢的运动——游泳。

有个星期天,他和他的太太在汉景顿海滩度假。做过简单的冲浪运动以后,强森先生在沙滩上享受日光浴。不久他发现大家都在注视他。从前他没有在意过自己满是伤痕的腿,但是现在他知道这条腿太惹眼了。

下个星期天,强森太太提议再到海滩去度假。汤姆拒绝了,说他不想去海滩而宁愿留在家里。"我知道你为什么不想去海边,汤姆,"她说,"你开始对你腿上的疤痕产生错觉了。"

"我承认了我太太的话,"强森先生说,"然后她对我说了一些我永远不会忘记的话,这些话使我的内心充满了喜悦。她说:'汤姆,你腿上的那些疤痕是你的勇气的徽章,你光荣地赢得了这些疤痕。不要想办法把它们隐藏起来，你要记得你是怎样得到它们的，而且是骄傲地带着它们。现在走吧，我们一起去游泳。'"

汤姆·强森深受感动，他心中的阴影渐渐散去，对自己腿上的伤痕不再介怀。

再看看杰出的桥牌手艾礼·卡柏森的例子。有一次，卡柏森先生在访问中告诉我，他1922年刚到美国的时候，不管做什么事都完全失败，甚至是个最差劲的桥牌手。但是，在他娶了一位名叫约瑟芬·狄伦的女人之后，桥牌老师认为他的运道改变了。她说服他，使他相信自己是个很有潜力的桥牌天才。在他太太的鼓励下，他终于选择桥牌作为职业。

是的，真诚的赞美和激赏是能使男人发挥出最大能力的有效方法。女士们，真诚的赞美和欣赏，不仅会让你得到一个更完美的丈夫，也能够让你从丈夫那里收获同样的欣赏和真诚。

在好莱坞，婚姻似乎是一件冒险的事，甚至伦敦的劳慈保险公司也不愿打赌，在少数快乐婚姻中，巴克斯德夫妇是一个典型。巴克斯德夫人以前叫勃莱逊，她非常欣赏自己深爱的人，并愿意为了巴克斯德的成功弃她灿烂的舞台事业。婚后，她成了一位温柔的妻子和母亲。她在事业上的牺牲并没有使她失去快乐，因为她的丈夫，以同样的真诚态度欣赏并赞美着她。"她失掉了来自舞台成功的鼓掌称赞，"巴克斯德说，"但我已尽力使她完全感觉到了我的鼓掌称赞。如果一个女子完全要在她丈夫那里求得快乐，她必须在他的欣赏与真诚中得到。如果那欣赏与真诚是实际的，那她的快乐也就得到了答案。"

现在你应该明白了，想要保持家庭生活的快乐，保持爱情的幸福甜蜜，一个重要的原则是给予对方真诚的欣赏。

生活中不止有爱情

 **卡耐基写给女人的话**

许多女人认为,在爱情或婚姻里,丈夫应该肩负所有的责任,不管时机是好是坏。她们忘了,爱情和婚姻也会陷入现实的困境,而有时候为了拖出陷在泥塘里的车子,当妻子的也需要出一份力。

尼克·亚历山大最渴望实现的目标是上大学。他在老式的孤儿院里长大,孤儿们从早上5点一直工作到日落,伙食条件却很差。尼克是一个聪明的小孩,14岁从中学毕业后,就步入社会谋生。

他所能找到的工作,是在一家裁缝店里操作一架缝纫机。14年来,他一直在那种环境下工作。接着,那家裁缝店加入了工会,工资提高了,工作时间缩短了。接着,尼克·亚历山大幸运地娶了一个女孩,她愿意帮助他实现上大学的梦想。但事情可不容易,结婚没多久,店里开始裁员,他们这对年轻的夫妇无奈之下决定自己去闯天下。他们四处筹资,尼克的太太特丽莎甚至卖掉了订婚戒指支持丈夫的事业,"亚历山大房地产公司"就在这样的情况下开业了。

两年之后，生意渐渐走上正轨，尼克在太太的支持下勇敢地追求自己儿时的梦想。他在36岁的时候得到了学位，这是他人生道路上所抵达的第一个里程碑。

毕业后，尼克又回到房地产行业，成为他太太的生意伙伴，他们又有了一个新目标——海边的一幢房子。没多久，他们实现了那个梦想。

亚历山大太太说他们目前正在为他们的退休保险金努力。现在尼克单独主持事业，特丽莎则照顾家庭。

亚历山大夫妇过着忙碌、幸福、成功的生活，因为他们总是有一个目标，使他们的努力有方向，而当他们看向同一个方向，共同努力时，这无疑是对爱情和婚姻最好的滋养。至少，无论是丈夫还是妻子，都没有多余的闲暇互相挑剔，更不用说有时间去比较谁付出的爱更多、谁收获的爱更少，并为此吵上一架，为美好的生活增添阴霾。

我讲述尼克的经历，是为了给所有女士一个提醒：生活中不止有爱情，千万不要忘记经营好自己的生活，彼此的生活，也不要忘记爱情、婚姻现实的一面。

女性尤其容易犯这个错误，把生活和心灵的重心都放在爱情上，而她们对爱情的理解又那么狭隘，以为爱情只是由玫瑰花、烛光晚餐、时时刻刻的陪伴和甜言蜜语组成的浪漫世界，一旦她们的爱人不再提供这些，她们就认为爱情不再。或者，她们以为爱情需要时时确认，希望自己时刻活在被爱的幸福里，因此她们苛求自己的丈夫，抱怨他们的言语和行为，监控他们，不给他们一点自由，结果不仅让自己变成没有自我、没有魅力的女人，也让爱情陷入绝境，婚姻走进死胡同。你们说，这样的女人怎么可能过得幸福呢？

让我们给爱情下一个更广的定义吧。爱情不仅是浪漫的情话、不切实际的奢侈，还包括物质和现实，爱情走向婚姻后，需要用心去经营，只有具备现实的基础，只有当两个人看向同一个方向，朝着共同的目标努力时，它才能长久；而且，当你爱一个人时，这也意味着你必须对你们未来的共同生活中的变故或灾难有所准备。

约瑟夫·艾森保在一家洗衣店当了 25 年的送货员，突然就被解雇了。一个没有专业技能的人，想要找个职位是很困难的，对中年人来说尤其不容易。当艾森保夫妇为找不到工作发愁的时候，正好有一家面包店要出售，价钱还算合理，他们就想将面包店接过来，不过这可能会花掉他们所有的积蓄。

这只是开始而已。艾森保太太知道，在生意还没有做稳以前，他们是没有能力雇人帮忙的，于是除了照顾家庭以外，她还必须在面包店里长时间接待客人。这些劳苦足以使任何一个人感到泄气。

"但是，"珍妮·艾森保说，"我高高兴兴地做着这些事，因为我知道，这是我丈夫重新闯天下的一个机会。"

"现在，面包店已经开业 5 年了，生意相当好。我们的经营很成功，而且一直扩展到足够应付一切需要。我们以自己的努力建立了这个事业，实在很值得骄傲。"

许多家庭在碰到像艾森保先生失业的这种难题以后，由于妻子不愿意与丈夫同舟共济，整个家庭经济就会开始走下坡路。

许多女人认为，在爱情或婚姻里，丈夫应该肩负所有的责任，不管时机是好是坏。她们忘了，爱情和婚姻也会陷入现实的困境，而有时候为了拖出陷在泥塘里的车子，当妻子的也需要出一份力。家庭生活里的某些危机，例如欠债、疾病，或是丈夫的失业，常常需要妻子付出更多的力量。这种帮忙是广义的夫妇搭档的一种行动，因为妻子是在为家庭的幸福工作，而不是想拥有自己的事业来达到自我满足。这是一种所谓的"紧急措施"。

我们大家都无法预料将来会发生什么困难，使得我们的经济来源突然中断，迫使我们必须亲自去赚取部分或全部的家庭开支。这就是我提醒你们的理由，女士们，假如你总是生活在对浪漫爱情的向往里，或者生活在对完美爱情的苛求里，从来不试着提升自己，不让自己变得成熟，那么，当现实生活的残忍一面向你袭来时，你打算怎么应对？身为女人，不能总活在狭隘的浪漫爱情里，你一定要有独立的才能，要有自己为之努力的目标，不能一切都依赖丈夫来解决，那样你将失去自我，甚至最终会失去爱情、失去幸福。

比爱他更重要的，是爱自己

卡耐基写给女人的话

真正的爱不是局限，而是扩展。占有、依恋和爱是完全不同的。

爱是世界上谈论最多，却也最不易弄清楚的一个话题。它激发了艺术家的灵感，是婚姻和家庭的基础。失去或缺乏爱，会使人格破碎或阻碍人格的正常发展。我们大多数人往往对爱具有狭窄、单向的概念，而且完全从家庭或性关系的角度来理解它，同时将它和占有、自负、姑息、依赖等混淆在一起。

直到最近，爱才被认为是一个严肃的科学课题。许多心理学家、医生和科学家给予爱更多的思考和研究，将它视为人类的基本需要，以及还未加以探索的人类事务中一大影响和力量的源泉。基于这些发现，我们可能要将对于爱的一些传统观念加以修正和扩充。

爱和成熟有什么关系呢？罗洛·梅伊博士回答了这个问题。他在《人的自我追寻》一书中写道："能够付出和接受成熟的爱，是一个符合我们为完全人格所定的标准的人。"

梅伊博士同时断定，大多数人都不知道如何付出和接受爱，一般人对爱的观念既矫情又幼稚。例如，一个将一生完全奉献给自己的丈夫和子女，以致与世界其他一切完全隔绝的妈妈，她的占有欲就胜过于她的爱。真正的爱不是局限，而是扩展。占有、依恋和爱是完全不同的。

也许先弄清楚什么不是爱，再来肯定那种使得人格增强、成熟的爱比较容易些。

首先，爱与我们经常在电影中看到的那种男女相会、玫瑰与香槟式的罗曼史，或小说家偏爱的那种性剥削的激情少有相关之处。爱不限于年轻美貌的人。

泌尿科专家和美国婚姻顾问协会主席亚伯拉罕·史东博士告诉我们，当我们说"我爱"时，其真正的意思大多是"我要""我想要拥有""我从……得到满足""我利用"或"我感到罪恶"。这是科学家所谓的"假爱"。

成熟之爱是耶稣所说"爱邻如爱己"时心中所抱持的那种观念；是柏拉图在《对话录》中所分析的那种爱——从个人的关系开始，扩展到全人类和宇宙。爱的要素都是相同的，不管是夫妻之间的爱、父母与子女之间的爱还是个人与自己、与全人类之间的爱。

爱的真谛不是紧紧守住自己所爱的人，而是放手任他（她）走。成熟的人不会占有任何人的感情，他让所爱的人自由，就如同让自己自由一样。这就像其他的创造性力量一样，爱存在于自由之中。

现在，请好好审视一下自己的爱，女士，你是怎样去爱别人的？是希望时刻见到他，希望占有他所有的时间、精力以及感情，为此而束缚他，责怪他，向他抱怨，还是将所有的幸福和快乐都寄托在他身上，全心全意依赖他，被他的一举一动、一言一行轻易牵动情绪？还是说，你已经明白爱的真谛，懂得如何爱他：给予他所需要的东西，给予他自由和空间，同时不忘记以同样的热情来爱自己，好好规划自己的时间和生活，打理好自己的世界？

没有什么比"爱是盲目的"这句老话更能误导人了。爱绝不应该是盲目的，女士，在陷入爱河的时候，请擦亮眼睛，保持冷静和理智，让爱向更自由、健康、美好的方向发展，而不是困住它，让它变得愚蠢和丑陋。

曾经有一位女性向我诉说她的经历：

"我曾陷入嫉妒中无法自拔。我活在怕失去丈夫的恐惧之中。并不是他给了我嫉妒的任何理由，如果是这样，我反而会少受一点痛苦，因为这样一来，就可以避免那些恐惧和因神经质而自我想象出来的羞辱感。我偏执得像卡通电影里那可笑的妻子一样搜丈夫的口袋，查看汽车烟灰缸里的东西。我常常哭着入睡，白天却生出一些新的疑心。

"有一天，我照镜子。我看见一个不可爱的人，那就是我自己。头发散乱、没有化妆、面容憔悴，而我穿的衣服看起来就像套在扫帚柄上的一个大袋子一样！'海伦，'我对自己说，'你怕失去丈夫。如果你真的失去了他，你能怪他吗？你想怎么办？'我决心实行一个计划：好好爱自己。

"我开始减少擦地板和家具的时间而多留心自己的仪表。我每天下午都休息，增加了一些非常需要的体重。而且找到一份卖化妆品的工作，同时学习化妆。当我开始显得比较好看，感觉上也比较舒服时，我发现自己的态度慢慢改变了。丈夫也感觉到了我的变化，他的反应扫除了我心中的疑云。我利用原来浪费在嫉妒上的精力，使自己成为我丈夫理想中的妻子。"

我们发现占有、嫉妒和支配这些异质的因子进入我们心中时，对他人真实的爱便逐渐消失了。如果让野草肆意蔓生而不加以清除的话，世界上最美的花园都会荒芜。

关怀我们所爱的人的成长和发展，肯定和鼓励他们个性化的存在，尊重他们的本来姿态，创造自由和温情的气氛，这些都是想要学会爱所应持的态度。女士，当你做到这一点时，你的爱就能够为他提供可以在爱中成长的土壤、环境和营养。而假如你真的想要做到这一点，不妨学习以上故事中的女性，像海伦那样，实行一个计划：好好爱自己。

亲密关系中的最佳距离

卡耐基写给女人的话

对于男人来说，尤其是对于一个好男人来说，爱是他生命中十分重要而美好的东西，也是不可或缺的东西，但绝不是他生命的全部。对于一个女人来说，如果对她丈夫的爱成了她所有的一切，也是一种不幸，她将失去自我——和这份爱再也不能有短暂的分离，爱时刻影响着她的想法和情感，左右着她的行动。

在最近的一个晚宴上，我坐在全美最早设立的某家公司工业关系部经理的旁边。我问他，太太们要怎么做才能帮助她们的丈夫成功？

"我相信，"这位经理说，"有两件最重要的事情，可以使妻子帮助丈夫获得事业的成功，第一件是，爱他，第二件是，让他独自去闯。一个可爱的妻子，将会带给她的丈夫愉快和舒服的家庭生活。而如果她聪明得能够让自己的丈夫不受干扰地处理业务，她的丈夫就一定能发挥出全部的能力而获得成功，至少训练也会使他有成就。"

他继续解释说，这个不干扰的政策，可以直接应用于妻子和丈夫的工作的关系，以及妻子和丈夫业务伙伴的关系。

"妻子常常会严厉地干扰丈夫的工作,"他告诉我,"有些妻子喜欢劝告、干预和影响自己的丈夫,去反对和他一起工作的人,或是抱怨丈夫的薪水、工作时间和责任。把自己当作丈夫经营事业的非正式顾问;这种妻子常常扼杀丈夫的成功,很少有其他事情会具有如此的严重性。"

许多妻子都做着美梦,想要机灵地帮助自己的梦中王子爬上经理的宝座。她们想出一些策略;她们提出了许多暗示和建议;她们试探、尝试,并且和丈夫的同事培养友谊。通常,她们的计策使得自己的丈夫丢掉工作,而不是升上一级。

我曾经看到过这种事。有一次,我工作的小公司里请了一位经理。他很聪敏,看来很适合所在的职位,令人迷惑的是,他接任新工作以后,他的妻子竟然一直干预他。每天早上,她都和她先生一起到办公室,记下她先生的话,交到外头给打字小姐,而且又要变更她先生的整个工作系统。这不是我捏造的,这是真正发生过的事。

办公室的工作氛围被破坏了。在这位新经理到任的整整3个礼拜以后,他被上级叫到大办公室去,他们礼貌而肯定地告诉他,不能再留他了。他走了,带着他的太太一起走了。

太过分了吗?也许是的,但是有许多人都因为类似的原因被解雇了。妻子的干预,即使有着最好的动机,也都是一件危险的事,这比大多数人所知道的事实都更加严重。

我还听说过更多类似的事,但我不打算再说了,我想探讨的是:问题出在哪里?一段亲密的夫妻关系,是否不需要距离和空隙?是否能够彼此干涉,以至于让对方失去原本只属于自己的权利和自由?答案当然是否定的。再亲密的关系,也需要保持距离。每个人都需要自己对自己的人生负责,每个人都有别人体会不了的感受,以及别人承担不了的遭遇,当你去爱一个人时，女士，我建议你给他留下空间，这也是给自己留了空间，要知道，一个没有自由和独处空间的人，是没办法看清自己、把握自己、完善自己的。

在一次聚会上，我听到了葛丝莉的经历：

"上周我告诉查理他可能从未关心过我。我加强语气问：'如果你不关心我，那么你关心什么？''嗯，'他说，'我会留意家里杜鹃花要用什么肥料才好，以及和车厂约定更换机油的时间，还有公司内部库存货的清单。''我就知道你从未关心过我。'随后我哭了。

"查理出乎意料地走到外面，我大声地问他：'你要去哪里？''到五金店去，'他说，'去买肥料。''你老是不承认自己的过错？''随你怎么说，亲爱的，'他回道，'我几分钟后就回来。'我当下就打电话给好友蜜拉，她向我保证这只是单纯的男性行为罢了。"

我告诉葛丝莉，她的好友蜜拉说得很对，对于男人来说，尤其是对于一个好男人来说，爱是他生命中十分重要而美好的东西，也是不可或缺的东西，但绝不是他生命的全部。对于一个女人来说，如果爱——对她丈夫的爱——戒了她所有的一切的话，也是一种不幸，她将失去自我——和这份爱再也不能有短暂的分离，爱时刻影响着她的想法和情感，左右着她的行动。

而男人则不是这样，他会一连几个小时一直专注于某件事情，而不受到他心爱的妻子的任何影响，就好像她根本就不存在。当然，这并不是背叛；这是一种无意识的行为。然而，困惑于男人此种个性特征的女人会感到很苦恼，认为这不可思议。

我无意于免除男人应该关心他的女人的责任，也不想为男人经常忽略家庭生活的礼仪进行辩护，但出于为妻子的利益考虑，我只想使你们相信，这些事情常常只是一种表象，其实你们之间根本没有出现内在的分歧，因此，作为一个妻子如果为此感到忧伤或者抓狂，是不明智的。

"没有一对婚姻能够得到幸福，"安德瑞·摩里斯在《婚姻的艺术》这本书里说，"除非夫妇之间能够相互尊重对方的差异。更深一层说，如果希望两个人有相同的思想、相同的意见和相同的愿望，这是很可笑的想法。这种事情是不可能的，也是不受欢迎的。"

所以对妻子来说，让丈夫有个私人的天地去做他的工作，或是其他任何他喜爱的事情，是明智的做法。不要随便干涉他，包括他的工作、他的思想、他的爱好，一段亲密关系的最佳距离应该是这样的：你们彼此相爱，彼此照顾和迁就，但各自又有自己的喜好和交际，有自己的世界可以独处，这样才能保持爱的新鲜和长久。

第三章
唤醒内心的正能量

当一个女人拥有了强大的内心，她会变得无所畏惧；在遇到失败和挫折时，她会积极面对，坚强独立地处理问题，摆脱困境；在悲观失望时，她懂得悦纳自己，安慰和鼓励自己，走出悲观的阴影，从厄运里淬炼出芳香。面对逆境，请唤醒你内心的正能量，女人没有理由向命运屈服。

内心强大,做命运的女王

 **卡耐基写给女人的话**

只有当一个女人内心强大到足以掌控自己的命运时,她才有能力让自己获得成功和幸福!

每个人都要接受生活的考验和筛选,女士,假如你以为身为女人,要受到的考验和筛选会因此而少一点,那就错了。女人同样要面对成功和失败,同样会面临无法抉择的困境,同样会受到命运的驱使和玩弄,正因为如此,她们才能从幼稚的少女逐渐成长为成熟的女性。

一位成熟的女性,内心坚韧而强大,能够用自己的力量应对和化解生活中不断到来的失败挫折,能够不断追求更好的自己,她们是自己人生的主宰,是命运的女王!我要向下面这位女性表达我诚挚的敬意,这位女性名叫乔安娜,她是我教过的一位学员,她身材瘦弱,却总是精力充沛;她的人生境遇充满坎坷,但她从来都不向命运屈服,在我心目中,她是真正的命运的女王。就让我详细讲一讲她的故事吧。

乔安娜出生于印第安纳州一个穷苦的家庭,从小父母对她的要求就是,找个过得去的男人嫁了。但她对嫁人丝毫不感兴趣,少女时的她很好学,非常喜欢读书，可惜读完九年级，她的父母便坚决不让她再读下去，并向她表明，家里没有闲钱再供她读书了。乔安娜很沮丧，但她并没有就此放弃，她去学校找到她的老师，向他说明情况。我猜那位老师被她好学的精神打动了，或者被她坚毅的眼神所吸引了，总之，他最终答应帮她，他为她向学校申请设立了一项特别奖学金。就这样，乔安娜重返校园，由于不花一分钱就能去学校念书，她的父母也不再反对。

进入高中，除了奖学金，乔安娜完全没有经济来源，她的母亲生了重病，父亲的工作又丢了，无法给她提供任何金钱上的援助。她只好一边读书，一边给人兼职干活，赚取生活费，甚至还要从微薄的收入中拿出一部分，用作母亲的医药费。她每天上课、学习、工作，非常忙碌，几乎没有多少时间睡觉。

我想，一般的女孩很可能受不了这样的生活，她们会觉得，女孩子根本没必要这样辛苦，找个男人嫁了，不是会轻松得多吗？但乔安娜不这样认为，"找个男人嫁了？"她后来对我说，"的确，当时我如果嫁了人，至少在生活上不会这么吃力，但那个时候的我能嫁一个什么样的男人？很可能跟我的父亲差不多，没读过书，干体力活，脾气暴躁，每天工作完就去酒吧喝上一杯，回来教训一下孩子，倒头就睡。我不愿意像母亲一样认命，就这样过一辈子。"

你们也许已经猜到了结局，如今，乔安娜定居纽约，刚刚升任一家大企业的高级管理层，并得到了纽约分公司的经理职位。她嫁给了一位事业有成的商人，生下一对可爱的儿女，前不久，她的儿子赴欧洲留学，将来准备继承父亲的事业，而她的女儿擅长绘画，已经在纽约的校园艺术圈小有名气。我不愿再向你们赘述乔安娜的职业奋斗历程，相信大家都能想象得到，这样一位内心强大的坚毅女性会如何面对困难。没错，她不畏惧任何困境，不逃避任何打击，她咬着牙，艰难地走过人生最辛苦的时期，把自己锻造得出色而优秀，最终换来命运的垂青。

假如她一开始就认命，那还会有今天的乔安娜吗？

在古老的欧洲有一则寓言：在意大利威尼斯城的小山上，住着一位智慧老人，他能回答任何人的问题。当地的两个小孩想要愚弄一下这位老人，他们捉了一只小鸟去找他。见到智慧老人，一个小孩手里握着那只小鸟就问："您是无所不知的智慧老人，那您知道吗，我手上的小鸟，是死的还是活的？"老人不假思索地说："孩子，如果我说鸟是活的，你就会攥紧你的小手把它捏死；如果我说鸟是死的，你就会把手松开让它飞走。你知道，你的手掌握着这只鸟的生死大权。"

这个故事给了我们一个伟大的启示：我们的命运就掌握在自己的双手之中。有数以百万计的人相信自己注定要贫穷和失败，因为他们相信，有一些奇异的力量是无法控制的。其实，他们就是自己"不幸"的制造者，他们并非没有改变命运的机会与能力，恰恰相反，他们缺乏的只是面对挑战的强大内心。

我知道生活中很多女性对占卜一事情有独钟，应当说，她们中热衷算命的人实在太多了。只要聊起算命的话题，她们一定兴致盎然。甚至，很多受过教育也有生活能力的女性，也将自身的命运、爱情和婚姻一概归诸偶然和机遇。比方说，自己从事何种行业、嫁何种老公、多大岁数结婚和会否离婚，她们通常都依算命结果来行事，这实在是太荒唐了。

我们知道有些女人过着真正自由的生活，但并不是因为她富有，也不是因为她有个好伴侣，更不是因为有什么魔力能保证她把自己生活中的任何事都做好，而是因为这些女人拥有一种比最贵重的珠宝还有价值的礼物：她是自己命运的女王。

幸运女神不愿搂抱那些迟疑不决、懒惰、相信命运的懦夫。作为现代女性，我们不相信宿命，我们要坚信：我们能够改变自己的命运，能成为最幸运的人。

请相信我，只有当一个女人内心强大到足以掌控自己的命运时，她才有能力让自己获得成功和幸福！锻造强大的内心，做命运的女王吧，不要成为被命运牵着鼻子走的奴隶。

孤独时,学会悦纳自己

卡耐基写给女人的话

生活就像剥洋葱,一层一层剥开,总有一片会让你流泪。生活总要继续,既然无法避免,就应该笑着面对所有的痛苦。

人在什么时候会感到孤独?一无所有的时候,还是身边无人陪伴的时候?是拥有了一切之后又失去了一切的人更孤独,还是什么都没有拥有过的人更孤独?是生活中烦恼不断、无人理解的时候更孤独,还是遭遇了灾难、痛失所爱的时候更孤独?

请原谅,女士们,我曾经思索过这个问题,但最后没有找到答案。因为我觉得,孤独无须进行比较。谁都有过遭遇巨变之后,把自己关进房间,让心灵封闭,不愿与任何人交流,不愿见到任何人的状态,是的,谁都品尝过这样的孤独,我们怎么能分辨出谁的孤独更严重呢?我们感受的孤独都是相同的,不同的是,有的人就此沉溺在孤独里一蹶不振,有的人很可能只需要一个晚上痛哭一场,就能让自己重新笑着面对第二天的阳光。

女士,你是哪一类人呢?在漫长的人生旅途中,总有孤独袭来的时刻,当你遭遇各种变故，感到无比孤独时，你会对未来绝望，对自己失去信心，这是很正常的。但是女士，如果你长时间处于一蹶不振的状态，无法重拾自信，那我就必须提醒你小心了。

因为我听说过很多这样的故事：某公司老板投资股市，亏损严重，公司破产，这位老板一下子从昔日的有说有笑、性情活泼开朗变成了破产后的沉默寡言，时常把自己一个人关在办公室里，他疏远了所有的亲人和朋友，从不和任何人交流，终于有一天这位老板割腕自杀于他的办公室里。

还有一位中年女性，自从她的丈夫带着别的女人私奔之后，她一下子就像被霜打的茄子一样，再也抬不起头来，从此一声不吭，像个幽灵一样，孤独地活着。而另一位女士，一生和丈夫恩恩爱爱，即使年龄很大了，两人也经常手牵手成双成对出入，受到邻居们的交口称赞，可她的丈夫有一天突患心肌梗死去世，她忍受不了孤独，很快就郁郁而终。

读完以上这些事例，女士们，你们发现问题所在了吗？这几个人都是将自己封闭在孤独的状态里，既无法接受现状、面对现实，也无法接受失败的自己、悲惨的自己，更不用说树立起对生活的信心。

可是，她们不知道，每个人从出生的那一刻开始，就已经注定踏上孤独的旅途。在生命这场旅途中，我们身边会出现很多人，父母、亲朋好友、同事、伙伴、恋人、爱人、孩子，他们走在我们身边，和我们一起前行，但所有的喜怒哀乐、生老病死，都只能由自己去承受，我们虽然和他人相伴，但我们只能做自己，只能活在自己的生命里。难道不是吗？你再爱一个人，也不能替他活着；同样的，最爱你的那个人，也不能替你承受哪怕一小片皮肤的灼伤。

如果你能明白这些道理，女士，你就能够坦然接受孤独的境遇，在孤独袭来时，懂得悦纳自己。为什么不呢？这是你自己的人生，为什么你只喜欢成功的自己，被丈夫爱着的自己，和爱人相伴的自己；而不能敞开怀抱，温柔地去接受失败的自己，被丈夫抛弃的自己，与爱人生离死别后的自己呢？事实上，后者更需要你的温柔、喜爱和接纳啊！

我以前听说过一个道理：生活就像剥洋葱，一层一层剥开，总有一片会让你流泪。生活总要继续，既然无法避免，就应该笑着面对所有的痛苦。如果为了逃避流泪，就停止剥这颗洋葱，那我们就等于抛弃了生活；如果你逃避了痛苦，也就相当于抛弃了生命里所有可能遇见的美好。

面对突如其来的各种变故，面对人生巨大的孤独，女士，你应该坚强地面对现实而不是逃避，因为逃避无法最终消除所有痛苦，只有勇敢面对，接纳发生的一切，接纳悲伤、无力的自己，你才可能走出自我封闭的误区，重新找到人生的快乐。

女士们可以尝试下列方法来克服孤独，重新接纳自己：

1.环境转移法。遭受巨变的女性可以尝试此方法，例如丈夫逝世之后，妻子完全可以换个环境，比如去外地旅游散心，看看秀美山川、风土人情，陶冶在自然的怀抱里，在这样的情境下，你会重新喜欢上自己和生活中的一切。不要整天把自己关在房子里，房子里的一切都会让你睹物思人、痛不欲生，都会破坏、影响你的正常情绪，而最终造成自我的厌弃。

2.忙忙碌碌法。在事业上遭遇挫败的女性，完全可以重找一份工作，一心扑在上面，从头再来，争取忙得团团乱转，根本没有时间去想先前如何如何。如果你不想工作，那你可以整修草地、花木，给鱼喂食，你唯一不要做的就是把自己关在屋子里"面壁思过"，那没有任何用处。

3.培养兴趣法。自我封闭者通常都是那些无所事事或感到自己无所事事的人。培养自己的某个爱好或兴趣，可以转移注意力。一位离婚的女性发现自己整天无所事事,下班回家便窝在家里,为离婚而痛苦。一天她翻到高中时的集邮册,少女时期的热情又迸发出来,又开始集起邮票来,并通过集邮认识了一大帮集邮迷,整日在邮市里互相交流,不知不觉便从孤独的状态中摆脱出来,重新找回了那个充满活力的自己。

恐惧，走开

 **卡耐基写给女人的话**

恐惧并非来自现实，而是从你大脑的想象中来。

我在很多场合都表明过这样一个观点：恐惧是人类最大的敌人，尤其是对女性来说，更是如此。女士，你们心中的不安、忧虑、嫉妒、愤怒、胆怯都是恐惧的变种。恐惧会剥夺人的快乐，使你变为懦夫，使你遭受失败，使你陷于卑微的境地。恐惧具有使人的生命瘫痪枯萎的力量。恐惧会使人贫血，会减少身体和精神上的生命力，还会破坏人的意志、灭绝人的勇气、削弱人的思想，使人发挥不出一点创造力来。

在我们的一生中，恐惧主要有六种，每个人都会遭到其中一种或几种折磨。它们依出现的多寡顺序为：害怕贫穷，害怕批评，担心健康，害怕失去某人的爱，害怕年老，害怕死亡。

关于这些恐惧的具体表现，请容许我一一道来：

1.害怕贫穷

害怕贫穷是一种心态，除此之外，什么也不是！但是它足以毁掉一个人在任何行业有所成就的机会。

害怕贫穷有许多表现形式,主要为以下几个方面:

(1)冷漠

通常表现为缺乏雄心壮志,愿意忍受贫穷,身心怠惰懒散,缺乏动机,缺乏想象力,热情有限,缺乏自制力。

(2)迟疑不决

表现为自己没有主见。墙头草,两面倒。

(3)怀疑

一般表现在外的是存心粉饰太平的托词,有时会表现出嫉妒成功者的态度,或者非难苛责成功的人。

(4)忧虑

往往表现出挑剔他人的不是,有入不敷出的倾向,经常忽视自己的外貌,皱眉蹙额;没有节制地饮酒,有时是吸烟无度;紧张,缺乏自觉,而且不能平衡。

(5)过度小心

不分大小事,一律只习惯于看黑暗面,只考虑可能失败的情况,并加以谈论,而不集中心力在成功的办法上。知道通往失败的所有途径,但是从不力图制订回避失败的计划。牢记失败者,忘却成功者。只看到甜甜圈中心的空洞,却无视甜甜圈。悲观消极,导致消化不良、排泄不佳、毒害自身、呼吸不畅、性情恶劣。

(6)拖延

这一症状和过度小心息息相关,和忧虑怀疑也互通声息。可以避免责任的时候,就拒绝接受责任;可以妥协的时候,就不会坚持到底。碰到困难就退让,不肯驾驭困难,以之为进步的垫脚石。

2. 害怕批评

害怕批评令人丧失动机，扼杀想象力，主要症状为：紧张、缺乏判断力、自卑、缺乏雄心、从众等。

3. 担心健康

这种恐惧可以追溯到社会层面和生理层面的传承，至于其起源，则和害怕年老、害怕残疾的恐惧息息相关；因为生理不健康会引人走向不可知的"可怕世界"边缘，人类对这个世界的所知，仅限于一些令人不舒服的故事。

人们怕不健康，大致是因为一想到死到临头，深植心中的就是一幅又一幅恐怖的画面。

这种举世皆知的恐惧有以下征兆：

（1）自我暗示

习惯于在自己身上找各种疾病的症状，而且期待看到这些症状，借此运用负面的暗示。"乐于"虚构疾病，而且说成真有那回事的样子。别人推荐的方法、理论，只要有治疗价值，都习惯一试。跟人谈论手术、意外事件和其他种类的病症。尝试节制饮食、实验体能活动、减肥方式，而未经专家指导。

（2）疑心病

习惯于谈论疾病，集中心力于疾病上，期待病症的出现。直到精神崩溃，此病无药可救。此病发端于负面思想，只有正面思想能有效治疗。疑心病（假想疾病的医学名称）危害之深，据说有时与患者所害怕的病一样严重。大部分所谓的"神经病"都是由疑心病而来。

（3）易于感染

怕不健康瓦解掉身体的抵抗力，制造出有利于各种疾病传播的情况。害怕不健康往往同害怕贫穷声息互通，尤其是疑心病患者，一直担心付不出医院的费用。这种人花很多时间谈论死亡、存钱买墓地、积攒丧葬费用等等。

（4）悉心呵护自己

习惯于以假想疾病为诱因，博取他人的同情（人们往往诉诸此道以回避工作）；习惯于假装生病来掩饰懒惰，或者当作缺乏雄心壮志的借口。

（5）习惯于看医药广告

习惯于看有关疾病的书报文章和医药广告，烦恼着一旦得病该如何是好。

4. 害怕失去爱

审慎的研究已显示出，女人较男人易受制于这种恐惧。这个事实也很容易解释，女人从经验中得知，男人的本性是一夫多妻的，不能信赖男人而把男人交给敌手。

5. 害怕年老

人在害怕年老的基本恐惧中，有两种合情合理的理由忧心：其中之一，来自对同类的不信任，他人可以攫取侵占他所有的任何俗世财物；另一种则源于心中所描绘的对于死后世界的可怕想象。

对于身体不健康的恐惧，随着年龄增长而日益普遍，也助长了这种害怕年老的恐惧。

6. 害怕死亡

对某些人而言，这是所有恐惧中最残酷的一种。这种恐惧在上了年纪的人身上最普遍，但偶有年轻人也为之所困。治疗害怕死亡的恐惧最有力的药方，就是用有效服务他人为后盾的成功渴望。也就是说，忙得很少有闲工夫去想到死。有时，害怕死亡的恐惧和害怕贫穷的恐惧不无关联，因为贫穷将使身后的家人陷于贫困。另有一些情形,疾病和身体免疫系统的随之瓦解，会使人害怕死亡。最普遍的成因有：健康不良、贫穷、缺乏适当的职业、对爱情失望、丧失心神、迷信宗教。

女士，请比照一下以上六点，以及相应的症状和表现，假如你发现自己具备其中几种，那么，是时候好好对心底的恐惧大声说"走开"了。

要做到这一点，必须先明白恐惧的本质。首先，我们需要记住的一点是，恐惧并非一无是处，我们需要消灭的不是恐惧本身，而是过度的恐惧，以及由此带来的一系列心理问题。恐惧初来乍到时，不是你的敌人，而是你的保护神。恐惧只是你的头脑警告你远离可能伤害到自身的情况的建议，而这些情况是建立在过去的伤痛之上的。没有恐惧，我们在面对外界的危险时就会缺乏防御机制。但恐惧过度，最终会阻止你享受快乐，破坏你的梦想，限制你的自由。

其次，女士们还需要弄清楚一点：恐惧是一种感受，而不是事实。无论是贫穷、批评、健康，还是爱、年老、死亡，这些都是事实，但对于这些事实所产生的恐惧，则是感受。换句话说，每个人都会经历这些事实，但打倒我们、令我们痛苦的并非事实，只有当我们的内心产生过度恐惧的感受，并让自己的言语、行为受制于这些恐惧时，事实才会变得恐怖，变成人生的噩梦。

举个例子，如果有人要你背着降落伞跳出飞机，你会害怕；但如果让一个专业的空中舞者来做这件事情，他就丝毫不会感到恐惧——只有兴奋。另一方面，如果让跳伞专家在3000人面前做即兴演讲，他可能会被吓死；而有人则会认为这是一件非常刺激而有趣的事。跳伞与演讲本身没有包含恐惧——是我们每个人将恐惧带入了这些事件当中。

女士，恐惧并非来自现实，而是从你大脑的想象中来。现实中的确存在许多艰难的困境以及痛苦，生老病死，事业的失败，来自别人的伤害，感情的挫折……每个人都将经历这一切，但是有人能够笑着扛过去，有人却被彻底击倒，原因何在？女士，区别就在于你在面对这一切时是否心生恐惧。假如你不拿恐惧折磨自己，那么，死亡就只是一个事实，失败、伤害，这些都只是一个事实，你需要做的是接受不能改变的事实，然后想办法渡过能够改变的困境。

明白了以上这些道理，你就会清楚地知道，你就是那个决定要把恐惧带来的人。因此你可以选择你怕的东西，亦可不选。

说得更具体一些，你可以选择让恐惧留下，也可以让它走开，而决定这一选择的关键在于：你是否意识到恐惧的真相；是否拥有与恐惧对抗的智慧。这种智慧说起来很简单，那就是保持理智，加深对现实的认识。就像那个跳伞的例子，当你经过训练，拥有跳伞的本领，你就不会对数百米的高空感到恐惧。同样的道理，当你对生老病死、对一切得失成败有了透彻的认识，并且拥有直面它们、解决问题的力量，那么，恐惧自然会远离你。

自我安慰和鼓励很重要

 **卡耐基写给女人的话**

大难临头时,我不会劝你乖乖地承受,因为人生并非命定,你要在可以期望的范围之内起来奋斗。而当你受到打击无所适从时,我会劝你保留健全的精神,不要烦躁,不要忧虑。

我发现身边的许多女性都存有类似如下的想法:"我担心也许会来不及""我一个人肯定无法完成这个任务""我想,我办不到那件事""这个工作我大概无法胜任,因为我会忙不过来"等。此外,遇到事情有不好的发展结果时,她们就会说:"哦,果然不出我所料!"就连在抬头望见天空布满乌云时,心情都会变得忧虑起来,并说:"我原本就知道会下雨!"

这些都属于消极心态,也可以称作消极的心理暗示。女士,当你的言谈中充满消极心态、消极的心理暗示时,它会不知不觉地渗入你的思想深处,并积存它的影响力量,而这种力量往往会滋长到令人惊异的地步,甚至会在不久之后使你陷入无能症的泥沼中。

比如说,在面对一个新的挑战时,你不断地说"做不到",那你就会真的做不到,因为你既不会为了做到而努力,也不会真的下定决心去寻找解决之道，反正一开始你就已经给自己下了"做不到"的判决，而这样做的好处还在于，假如你真的没有成功，你也可以为自己开脱："我早就说过我做不到了啊！"

我想你们此刻能够意识到，消极心态的本质是软弱。这不仅是指不敢面对挑战，更意味着你从心理上畏惧失败，所以当你用负能量武装自己的心灵时，你就解脱了——反正事情从一开始就不可能成功啊，反正我就是这么没用啊。不说积极的话语，内心不存在积极的能量，就不用承受积极努力后仍然失败的痛苦。

可是，这样真的解决问题了吗？不，除了让你内心的软弱找到栖身之处，你并没有解决任何问题：面对困难时，你仍然束手无策；更严重的是，这种消极的心态会导致更多消极的结果。拥有什么样的想法，决定了我们拥有什么样的人生。听起来很不可思议吧？但这是事实。

在面对起伏不定、坎坷不断的人生时，你我所必须面对的最大问题——事实上也是我们需要应付的唯一问题，就是如何选择正确的思想。而且，如果我们能做到这一点，就可以解决所有的问题。

或许你对此抱有疑问，但从事成人教育35年的经验使我深信思想对于一个人所能产生的巨大影响。一个人只要改变自己的想法，就能改变自己的生活，就能够消除忧虑和恐惧，就能走向成功。

我们内心的平静和我们由生活所得到的快乐，并不在于我们在哪里、我们有什么，或者我们是什么人，而只是在于我们的心境如何，与外在的条件没有多少关系。

当你下定决心，从自己的言谈间根除这种消极心态后，你会表达出积极肯定的主张，继而积极地进行自我安慰，用积极的话语鼓励自己，如"事情将有顺利的结果、能够胜任工作、不会招致失败、必会准时到达"等。由于这种把积极想法说出来的做法具有积极的力量，因此它能使你感到一切都将顺利地进行。

尤其是在遇到困难和挫折的时候，女士们，积极的自我安慰和鼓励显得格外重要。仅仅只是将积极的想法说出来，告诉自己、身边的人，我们就能获得相应的积极力量，促使事情向我们期望的方向发展。即使事情仍旧不如意，至少我们也可以振奋精神，让自己从沮丧和悲观的泥沼中走出来，对未来生出无限的希望。

大难临头时，我不会劝你乖乖地承受，因为人生并非命定，你要在可以期望的范围之内起来奋斗。而当你受到打击无所适从时，我会劝你保留健全的精神，不要烦躁，不要忧虑——这就是正确地面对困难和打击的态度，既不可认命，也不可过分执着于成功。换句话说，你要先学会接受失败的可能性，同时鼓励自己在这种可能性的基础上积极进取。

千万不要在做一件事情之前就否定自己，要积极地思考，抱着积极的想法鼓励自己去做，当真正着手去做时，你就会发现，真实的困难并没有想象中那么多；同样的，女士，当你做一件事情失败了，也千万不要就此自我打击、自我厌恶，要学会安慰自己，运用积极的心态，迅速从上一次失败引起的沮丧悲观情绪中摆脱出来，满怀希望地投入到下一项工作中。

在长时间的教育工作和与人接触的过程中，我发现，具有自信主动意识的人必然会长期进行积极的自我暗示，而具有自卑被动意识的人总是使用消极的自我暗示。可以说，经常进行积极暗示的人在每一个困难和问题面前看到的都是机会和希望；而经常进行消极暗示的人在每一个希望和机会面前看到的都是问题和困难。很明显，正是这种由成千上万次的心理暗示所形成的意识决定了一个人有无发展、能否成功。

为了克服障碍，女士，你不妨采用"不相信失败"的哲学之道。通常人们处理障碍的结果往往决定于其本身所持的心态，因为人们的障碍大多数源于心理上的问题。你对于障碍的想法如何，会决定你对它所采取的行动或态度。事实上，如果你面对障碍之初便在心中断言绝对无法克服它，你便会在自认为"反正做不到"的心理下真正无法克服了。相反，如果你拥有克服障碍的信心，情况自然不同。

因此，女士，请你牢牢记住：障碍绝对没有你想象中的那般困难，而是可以设法克服的。无论在培养这种积极想法之初，你的信心是多么微小，只要持续保持这种想法，持续对自己进行安慰和鼓励，你必能走出消极心理的影响，最终获得成功。

拥抱苦难，将逆境变为祝福

 **卡耐基写给女人的话**

如果你觉得命运对自己太不公平，请记住下面一句话：苦难是金，不要认为自己一无所有。

尼采对超人的定义是："不仅是在必要情况之下忍受一切，而且还要喜爱这种情况。"我提及这句话的目的，当然不是建议各位女士成为"超人"，只是想借此提出一种面对人生逆境的态度：忍耐，并且拥抱逆境。因为逆境并不是命运为你设置的障碍，假如你换一个角度去看，就会发现，这些逆境其实也是命运的祝福。当然，前提是你能够从逆境中汲取力量，继而努力奋斗，取得成功。如果你只是一味地沉溺在自怨自艾中，那么，命运给予你的逆境就只是逆境而已。它会成为你人生中丑陋的伤疤，而不是漂亮的勋章。

在研究那些事业有成者时，我深刻地感觉到，他们身上原本的缺陷和不足，在创业之初遭遇的困难和挫折，促使他们加倍地努力而得到更多的报偿。正如著名心理学家威廉·詹姆斯所说的："我们的缺陷对我们常有意外的帮助。"

不错，很可能弥尔顿就是因为失明，才能写出更好的诗篇来；而贝多芬是因为失聪了，才能做出更好的曲子；海伦·凯勒之所以能有光辉的成就，也就是因为她的失明和失聪。

如果柴可夫斯基不是那么痛苦——他那个悲剧性的婚姻几乎使他濒临自杀的边缘，如果他自己的生活不是那么悲惨，他也许永远不能写出那首不朽的《悲怆交响曲》。

"如果我不是有这样的残疾，"那个在地球上创造生命科学的基本概念的人写道，"我也许不会做到我所完成的这么多工作。"达尔文坦白承认他的残疾对他有意想不到的帮助。

达尔文在英国出生的那一天，另外一个孩子降生在肯塔基州森林里的一个小木屋里，他的缺陷也对他有帮助。他的名字就是亚伯拉罕·林肯。如果他出生在一个贵族家庭，在哈佛大学法学院得到学位，而又有幸福美满的婚姻生活，他也许绝不可能在心底深处找出那些在盖茨堡所发表的不朽演说。他不会在第二次政治演说中说那句如诗般的名言——这是美国的统治者所说的最美也最高贵的话："不要对任何人怀有恶意，而要对每一个人怀有爱……"

我当然不是在漠视苦难，否认这些缺陷给他们带来的痛苦，我只是从这些伟大的、有所成就的人身上看到了这样一种精神：面对人生的逆境时，他们没有去计较这些困难让他们遭受了多少损失，而是关注自己借此得到了什么。他们通过自己的努力，将所有的逆境，将命运施加给生命的诅咒，都化作对生命的一种祝福。这让我想起美国钢铁大王安德鲁·卡内基在一次讲话中说过的话："对于那些生来一无所有的年轻人，我想向他们表示祝贺。因为他们出生在一个令人荣耀的境地，这种环境注定了他们必须孜孜以求、不懈努力才能够改变自己的处境，才能出人头地。"

对于那些坚韧、强大，对自己的人生负责的人来说，厄运也能散发出芳香，因为他们知道，正是这些逆境、厄运不断挑战他们的极限，促使他们一刻不停地去努力，最终取得辉煌的成绩；而对于那些喜欢回避责任的人来说，困难则成了最好的挡箭牌。

女士们，假如你成天都认为环境不好，当然就会把自己的过失推诿于缺陷或其他种种原因，比如，你会把失败归咎于自己没有受过大学教育，而假如你恰巧上了大学，你也仍能为自己找出许多理由。而一个真正成熟的女性则不会如此，她会想办法去克服困难，并把困难当作奋进的理由，而不是找借口回避。

伊丽莎白有一次向朋友玛丽亚抱怨自己的工作不顺利，认为那完全是由于自己缺乏专业知识导致的。玛丽亚的丈夫是华盛顿区一家商学院的校长，她虽然同意伊丽莎白的说法，却没有说："真不幸，伊丽莎白，你没有机会学习专业课程真是太不幸了！"她也没有告诉伊丽莎白该如何去申请奖学金，或如何向父母请求帮助。她只是简短地告诉她："去读啊！"伊丽莎白听从玛利亚的建议去攻读相关专业的课程，后来在事业上有了很不错的发展。

"去读啊"，在困境面前，你需要的只是行动的勇气罢了。当你停止抱怨，停止自怜，不把眼前的障碍当作失败的借口，立刻站起来行动，一切困难和障碍都会迎刃而解。

有的女士，或许还会把天生的贫穷当作失败最有力的理由。不知这些女士是否知道，美国总统赫伯特·胡佛曾是爱荷华州一名铁匠的儿子，后来又成了孤儿；IBM创始人托马斯·沃森年轻时曾担任过簿记员，每星期只赚两美元。这些成功人士都不认为贫穷是他们的障碍，他们把所有精力都用在工作上，因此根本没有时间自怜。

佛斯狄克在其著作中提道:"有一句斯堪的纳维亚地区的俗语——冰冷的北极风造就了因纽特人。我们什么时候相信人们会因为舒适的日子、没有任何困难而觉得快乐?刚好相反,一个自怜的人即使舒服地靠在沙发上,也不会停止自怜。反倒是不计环境优劣的人常能快乐,他们极富责任心,从不逃避。我要再强调一遍——坚毅的因纽特人是冰冷的北极风所造就的。"

女士们,如果你们觉得命运对自己太不公平,请记住下面一句话:苦难是金,不要认为自己一无所有。即使你真的一无所有:长得不漂亮,没有才华,贫穷,没有办法接受教育,或者没有父母的支持,没有朋友,又或者像海伦·凯勒那样,眼睛看不见,耳朵听不见……即使真的如此,你也拥有苦难、困苦、逆境,要知道,这些东西本身就是财富。

天生就拥有一切的人有几个?一生都处于顺境的人又有几个?如果允许我做一个大胆的猜测,我会告诉你:一个都没有。女士,当你在为糟糕的出身、境遇,为天生条件不好而悲叹时,那你很可能一生就只能是一个出身不好、运气不好、长相不好的女人,厄运对你来说永远只是诅咒;相反,如果你直面糟糕的出身、境遇和相貌,用后天的努力去弥补,那你一样可以成长为一个富有、幸福、优雅、知性的成熟女性,成为人生的赢家。

在痛苦面前，不妨自己拥抱自己

卡耐基写给女人的话

我们并不能阻止人生中的有些无奈，但我们绝对有能力去无视这些无奈而创造我们的精彩人生。

女士们，你们想不想知道，怎样把在厨房水槽里洗碗也当作一次难得的体验？如果你想的话，可以去看一本谈论令人难以置信的勇气并且很富启发性的书。作者是一位名叫波姬儿·德尔的女性，书名叫作《我希望能看见》。你可以到图书馆去借，或者到当地书店去买，或者向纽约市第5街60号的麦克米伦出版社直接函购。

波姬儿·德尔是一个几乎失明了50年之久的女人。"我只有一只眼睛，"她写道，"而且眼睛上还满是疤痕，只能透过眼睛左边的一个小洞去看。看书的时候必须把书本几乎贴在脸上，而且不得不把我那一只眼睛尽量往左边斜过去。"

可是她拒绝接受别人的怜悯，不愿意别人认为她"异于常人"。小时候，她想和其他小孩子一起玩跳房子，可是她看不见地上所画的线，所以在其他孩子都回家以后，她趴在地上，把眼睛贴在线上瞄过去。她把伙伴们所玩的那块地方的每一点都牢记在心，所以不久就成了玩跳房子的高手了。她在家里看书，把书靠近脸侧，近到眼睫毛都碰到了书面上。她得到两个学位：先在明尼苏达州立大学得到学士学位，再在哥伦比亚大学得到硕士学位。

她开始教书的时候，是在明尼苏达州双谷的一个小村子里，然后渐渐升到南达科他州奥格塔那学院的新闻学和文学教授。她在那里教了13年，也在妇女俱乐部发表演说，还在电台主持节目。"在我的脑海深处，"她写道，"常常怀着一种怕会完全失明的恐惧，为了克服这种恐惧，我对生活采取了一种很快活而近乎戏谑的态度。"

然后在1943年，也就是她52岁的时候，一个奇迹发生了。她在著名的梅育诊所接受了一次手术，视力比以前好了40倍。

一个全新的、令人兴奋的、可爱的世界展现在她的眼前。这时的她发现，即使是在厨房水槽里洗碟子，也让她觉得非常开心。"我开始玩着洗碗盆里的肥皂泡沫，"她写道，"我把手伸进去，抓起一大把小小的肥皂泡沫，把它们迎着光举起来。在每一个肥皂泡沫里，我都能看到一道小小的彩虹闪出来的明亮色彩。"

你和我应该感到惭愧，我们这么多年来每天生活在一个美丽的童话王国里，可是我们对这一切视而不见。在人生中，我们的确会遭遇很多困境，甚至是让人难以承受的灾难，我并不想劝各位女士都像波姬儿·德尔那样乐观，而是希望女士们在消极、悲观、失望的时候，别忘记自己拥有的一切。

或许你不觉得这些是"拥有"：你的双眼能够看见阳光每一寸光影的流转，双耳可以听见美妙动听的音乐，口中能够发出悦耳的声音，你拥有洁白的手臂、修长的双腿，你拥有美貌、才华……你并不觉得这些都是来自上天的珍贵馈赠，你对它们习以为常，你甚至并不满足于此，所以当你遇到困境时，你会沮丧，会放任自己在悲观的阴影里自怜，会觉得自己一无所有，好像全世界都伤害了你，好像所有人都抛弃了你。

下一次，当你蜷缩在悲观的阴影里，固执地不愿意走出来时，请想一想波姬儿·德尔，想一想她52岁时第一次看见的美丽泡沫，即使只是一件令你觉得乏味至极的家务活，也可能是别人企盼了一生才遇见的美好，不是吗？既然如此，我们这些健全人又有什么理由向命运发出那么多牢骚和抱怨呢？

下面这个故事，将让我们看到一个勇敢走出阴影、积极面对人生的女性，我第一次听说她的经历时，就被她身上的正能量深深鼓舞着：

帕可是一个经历过一次失败婚姻的职业女性。那次打击对她而言几乎是人生经历中一个可怕的阴影，那段时间，她几乎每天以泪洗面，不知道人生的路该如何走下去。偶然间一本书上的一句话启迪了她："做一个擅长把负变正的女人吧，一个成功的女人应该懂得如何改变环境，而不是被不利环境所左右。"这使她顿悟，自己之所以止步不前，是因为深陷于不利的环境之中，从未想过改变。假如改变的话，会变成什么样呢？当她开始思考这个问题时，她对未来感到一丝兴奋："婚姻的确失败了，无可挽回，但我总还可以做点别的事吧？"帕可开始致力于自己感兴趣的文化事业——她打算创办一本杂志。

目标确立后，她说："我根本没有时间去注意我的环境，我所有精力都花在杂志上了。"与此同时，她也有意使自己周围只有积极正面的信息，甚至在墙壁上贴着"勇往直前""不回顾，不却步""不顾恐惧，采取行动"等标语。每天早上她闭目几分钟，在脑海中描摹成功的美景，想象成千上万的人在阅读她的杂志，这使她感到欢欣鼓舞。

对帕可而言，感情上的失败只是一个结束，而不是永久的评判。她的杂志很有可能不再出刊，帕可也承认这一点——她对事实并不盲目。但是她认为："这是一段成长的旅程，我遇到了许多不平凡的人，他们也一直给我提供一些生意。最近两年，除了鞋子有破洞之外，我几乎置身于天堂。而且因为我对梦想的坚持与执着，别人也开始相信它的真实性。"后来，帕可的杂志确实不能再出刊。对此，她说："我已经尽最大的努力要使事情成功，我也完全不认为它是一种失败。在我自己的感觉中，这件事已经完全落幕了。"

一切结束了，帕可又开始另谋出路。后来，真可说是柳暗花明又一村，一家曾拒绝过帕可的出版机构给她提供一个职位，请她担任整个企业的行销及公共关系部门的副总经理。他们深知像她这样狂热而有梦想的人是很难得的，他们虽然不要她的杂志，却要她这个人。实际上，帕可现在不是要把梦想加诸在一份杂志上，而是要加诸这家公司总共发行的四十四份杂志上。一条宽敞而平坦的大道清晰地出现在这个曾一度沉浸在痛苦和失败当中而无法自拔的女人面前。现在，帕可每天神采奕奕地活着，乐观而又充实。

女士们，我想请你们记住这一点：我们并不能阻止人生中的有些无奈，但我们绝对有能力去无视这些无奈而创造我们的精彩人生。不要总看着人生无奈的一面，要知道，在这些无奈背后，在它们的周围，有太多的美好、太多的希望，正等着我们去发现、去创造。

为了获得幸福,你必须接纳不幸

卡耐基写给女人的话

我们若已接受最坏的,就再没有什么损失。

有一位大学毕业生曾经给一位报社编辑写了一封信。在信中,他写道:"我是一名大学毕业生,参加工作已5年。5年来我工作顺利,深得上司赏识,按理该没有什么忧虑。但是,我已到恋爱结婚的年龄,就是这件事,弄得我很忧虑、很伤心。我的身高只有1.64米,这是爸妈给的,并非我的过错。可人家帮我介绍过3个女朋友,最后都以失败告终。她们说,学历、文凭和工作单位没说的,只是个子太矮了,没有风度,没气派。有位姑娘还很惋惜地说:'可惜,只要再高6厘米,有1.70米就好了。'这6公分之差,使我非常痛苦。现在我有点心灰意冷,无精打采,恨爸妈为什么不让我长高些。我不愿这样消沉下去,可我该怎么办呢?"

女士,对这位因身高而自卑的男性,你怎么看?如果一位男性充满自信,事业有成,风度翩翩,拥有能够感染他人的快乐和果敢,但他的身高只有1.64米,我相信女士们依然会心仪于他;但是,如果一位身高更高的男性,他既没风度，也不气派，一点也不自信，脆弱敏感，不快乐，优柔寡断，他能够赢得女士的青睐吗？

身高是不能改变的事实，当他为这种不能改变的事情而苦恼时，就等于让自己的情绪和心态都钻进了死胡同，无论如何也是找不到出路的。在我看来，这位男士完全是因为自卑才显得没风度、没气派，要知道，这世上并不缺乏充满魅力的矮个子男人。

身材矮小何必自惭形秽？一位国际舞台上的著名矮子对此自有一番高论。长期担任菲律宾外交部长的罗慕洛，身高也只有1.63米。面对高大的对方，他一点不自卑，反而以此为自豪。他写了一篇文章叫《愿生生世世为矮人》，下面的文字节选自这篇文章，读了以后，你就会知道矮子确有矮子的好处。

"我身材矮小，和鼎鼎大名的人物在一起时，常常特别惹人注意。第二次世界大战期间，我是麦克阿瑟将军的副官，他比我高20厘米。那次登陆雷伊泰岛，我们一同上岸，新闻报道说：'麦克阿瑟将军在深及腰部的水中走上了岸，罗慕洛将军和他在一起。'一位专栏作家立即拍电报调查真相。他认为如果水深到麦克阿瑟将军的腰部，我就要被淹死了。

"我一生当中，常常想到高矮的问题。我但愿生生世世都做矮子。这句话可能会使你诧异，许多矮子都因为身材而自惭形秽。我得承认，年轻的时候也穿过高底鞋，但用这个法子把身材加高实在不舒服，并不是身体上的，而是精神上的不舒服。这种鞋子使我感到我在自欺欺人，于是我再也不穿了。其实这种鞋子剥夺了我天赋的一大便宜。因为矮小的人起初总被人轻视，后来，他有了表现，别人就觉得出乎意料，不由得佩服起来，在他们心目中，他的成就格外出色。

"有一年我在哥伦比亚大学参加辩论小组，初次明白了这个道理。我因为矮小,所以样子不像大学生,却像小学生。一开始,听众就为我鼓掌助威,在他们看来,我已经居于下风,而大多数人都喜欢看居下风的人得胜。我一生的境遇都是如此。平平常常的事经我一做,往往就似乎成了惊天动地之举,因为大家对我毫不寄以希望。"

"我愿生生世世做矮人!"这是罗慕洛流传于世的名言。他不仅正视生活中的自我,乐观地接纳身高这一无可改变的事实,并且还能利用身高给他带来的好处,因自己与别人的身体的不同而感到快乐和自足。

这两个故事是否对你有所启发,女士?我知道,身为女性,你们都希望自己长得漂亮,认为漂亮的女人有更多优势;但是即使你是个丑女,也未尝不美丽,只是看你以什么样的心态去面对,看你是否能坦然接纳自己。

有这样一个女孩,她长得很丑,丑得让人心跳。然而,她供职于一家电视台广告部,业务精通,如鱼得水,在该市广告界及社交界是个很厉害的人物,使得许多颇具姿色的同行望尘莫及。她到底有什么绝招?据说她去拉广告时,总是微笑着对总经理说:"您不要以为我长得丑,我也知道正因为如此,我才不可能像某些人那样去耍什么花招,只能以自己的诚意和踏实的工作来赢得您的合作……"她侃侃而谈,温和、朴素的言辞中不时闪烁着幽默、自信和睿智,有力地感染和征服了对方,何愁生意不成?

有人劝她打扮打扮,用化妆掩盖一下容貌上的缺陷,她却说:"干吗非要刻意掩饰呢?有时一个人的缺点就是她的特点,我丑得让人过目不忘,难道不是我最大的优势吗?漂亮女人的青春饭只能吃一时,而我靠坦诚实干赢得的信誉却是永久的。"

这个女孩身上的自信和智慧令我由衷地敬佩。尽管可以靠化妆稍加掩饰,但丑陋对这位女孩来说,同样是一个不能改变的事实,是她的自我和生命的一部分，假如她不能够坦然接受这个事实，那么丑陋对她而言就会变成一种折磨，甚至变成一道不能触碰的伤口、一块不能提及的心病。假如真是这样，我几乎都已经可以想象出她的样子了：畏畏缩缩，满面愁容，整天活在沉默或者抱怨里，自卑得根本无法与人正常交流，别人看她，和她说的任何一句话，她都以为是嘲笑和蔑视……

　　女士们，这个世界上的事有时就是这样奇妙。若你不肯接受生命里最坏的、不能改变的事实，它们就会像魂灵一样缠着你，让你时时刻刻在意着，为此自卑着，受着折磨，最终变成一个消极、悲观、敏感、脆弱的人，也让你的人生处处受制、处处不顺；但若你已接受最坏的事实，就不会再有什么损失，甚至你还能从中找出制胜之道。

第四章
身为女人,要做梦想的王妃

女人的一生需要有梦想的指引：你梦想什么，希望过上怎样的生活，期盼得到怎样的幸福，设想自己成为一个怎样的女人——清晰而美丽的梦想会带给女人动力和支撑，让她知道该往哪个方向努力，该如何消除负能量，停止抱怨，放下纠结，该如何修炼最好的自己，去做梦想的王妃。

身为女人,要做梦想的王妃

 **卡耐基写给女人的话**

你有信仰就年轻,疑惑就年老;有自信就年轻,畏惧就年老;有希望就年轻,绝望就年老;岁月只会使你皮肤起皱,而只有当你失去了梦想与热情,才会损伤灵魂。

我曾有一只名叫"花生"的混血小狗,它活泼、聪明、可爱,是我们家的开心果。一次,儿子提出要我和他一起为"花生"盖一间狗屋。于是,我们便立刻动手,很快就把狗屋盖好了。但是,由于手艺太差,狗屋盖得很糟糕。

狗屋盖好不久,有一位朋友来访,朋友忍不住问我:"树林里那个怪物是什么?难道是狗屋吗?"

我说:"没错,那正是一间狗屋。"

朋友随即指出了狗屋的一些毛病,又说:"你为什么不事先计划一下呢?如今盖狗屋都要照着蓝图来做的。"

各位女士,不知你们能从这个狗屋的故事中学到些什么?我可以很坦诚地说出我的感想:我当时想到,没有目标的活动无异于梦游,没有目标的生活只不过是一种幻象。如果我们将一些没有计划的活动错当成人生的方向，那么即使花费九牛二虎之力，最后恐怕还是哪里都到不了。这样的人生就像我和儿子盖的狗屋一样，只会被人视为树林里一只四不像的怪物。

要攀到人生山峰的更高点，当然必须要有实际行动，但是首要的是找到自己的方向和目的地。换句话说，我们的人生需要梦想的指引。女士们，我相信你们儿时都做过梦，有的女士在少女时期很可能还喜欢做一些白日梦，梦想有王子骑着白马来娶她为妻。这些梦大多数都是美好的，充满梦幻和浪漫的色彩。

但是，当你们长大，变成成熟的女人以后，就需要更成熟的、有现实基础的梦想来支撑。比如，你不会再梦想自己是一位灰姑娘，坐着南瓜马车去参加舞会，与王子邂逅，而是会把和一位温柔踏实的丈夫白头偕老当成此生的理想，或者你会梦想在专业领域有所成就，甚至成为一个新领域的创始人，就像英国那个美丽的"提灯护士"南丁格尔开创了近代护理事业一样。

人生需要有梦想支撑，我认为，尤其身为女人，更要做梦想的王妃。如果没有梦想，就会活得浑浑噩噩，得过且过；如果没有梦想，那么你的未来就会像空中楼阁一样，让你望不见，也够不到，你会不知道该往哪里走，不知道该在哪些事情上用心、努力，久而久之，我敢打赌，你会变成一个懒惰、拖沓、消极、无所事事的女人。

或许有的女士会认为我小题大做，不过是盖一间狗屋罢了，何必牵扯到"人生目标"这样大的话题？我并不认为盖一间狗屋和为你的人生设定一个目标、描绘一个梦想有所不同。做任何一件事，难道不都是这样吗？女士们，如果你们希望这一生过得精彩、快乐而有意义，那么从现在开始，就应该为自己设定目标，描绘梦想，并照着梦想的蓝图去努力，创造属于自己的精彩未来。

你要做的事很简单，取出一张白纸写下"我希望给人留下什么印象"，列出你愿意让你的朋友、配偶、孩子、合作伙伴、团体，甚至是整个世界所希望记住你的品质、行为和特征。如果你与其他一些团体有特殊关系的话，如教堂、俱乐部、社区团体等，把他们也列入表中。在列表的过程中你将渐渐地发现，你自己真正的价值和生活意义的源泉。

例如，你可以这样写：我希望我的丈夫认为我是一个非常可爱的妻子，是永远相信他，鼓励他扩展他可能的追求，使他的生命发挥最大潜能的伴侣。我希望我的儿子认为我是深爱和相信他的母亲，我能帮助他认识到，只要他下定决心去做某事，他就能做出无限巨大的贡献和成就，成为任何他梦想成为的人。

写完之后再回顾自己生活中的其他人时，一个表明你最可贵价值的清晰模式便会渐渐地显现出来。相信此时你也会知道自己的目标所在，动力也会自然产生。

确定了自己的目标后，你便会从现在手头从事的无谓的工作中解脱出来，全身心地追求自己新选择的道路。怀着从未体会到的激情和快乐向自己的人生目标不断地迈进。在这个过程中你所感到的肯定是欢悦、充实和满足。

"梦想绝对重要，它不但能调动我们的积极性，而且能维持我们的人生。"正如思想家罗伯特·F.梅杰所说："如果你没有明确的目标，你很可能就走到了不想去的地方了。"因此，你应该尽一切努力去实现自己的梦想，而不要走到不想去的地方。

我开的成人教育班上有一位学生，就为自己制定了一个未来10年的工作与生活计划目标。从她的目标中你可以感觉到，她已经看到未来生活的影子。或许我们大家都可以从中受到启示!

"我希望有一栋乡下别墅,房屋是白色圆柱构成的两层楼建筑。四周的土地用篱笆围起来,说不定还有一两个鱼池,因为我们夫妇俩都喜欢钓鱼。房子后面还要盖个都贝尔曼式的狗屋。我还要有一条长长的、弯曲的车道,两边树木林立。为了使我们的房子不仅是个可以吃住的地方,我还要尽量做些有价值的事,当然绝对不会背弃我们的信仰,尽量参加教会活动。

"10年以后,我会有足够的金钱和能力供全家坐船环游世界,这一定要在孩子结婚独立以前早日实现。如果没有时间的话,我就分成四五次做短期旅行,每年到不同的地方去游览。当然,这些要看我和我丈夫的生意是不是很成功才能决定,所以要实现这些计划,必须加倍努力才行。"

这个计划是5年以前制订的。她和她的丈夫当时拥有两家小型的"一元专卖店",现在他们已经有了五家;而且已经买下17英亩的土地准备盖别墅。她的确是在逐步实现她的梦想。

女士,过去或现在是什么样并不重要,你将来想要获得什么成就才是最重要的。你必须对你的未来怀有梦想,否则你就不会做成什么大事,说不定还会一事无成,而你的生活也就不会朝着多姿多彩的方向迈进。所以,女士,如果想要使你的生活有所突破,到达很新且很有价值的目的地,首先一定要确定这些目的地是什么。也就是说,你必须知道,你梦想什么样的未来,梦想怎样的一场人生。确定了这些,人生之旅才会有方向、有进步、有终点、有满足。

有"野心"的女人更美丽

 **卡耐基写给女人的话**
所有的女士都有权利去追求事业,而且我觉得,在事业和职场上有"野心"的女人通常都有另类的美丽。

人们容易从外表来看待富裕的职业女性的生活,并不把她们的工作当回事,认为那不过是富人们闲得无聊寻开心。但对许多女性来说,做出寻找自己的工作的决定是难以忍受的个人苦恼的结果。

琼·肯尼迪最近说明了她为什么离开丈夫,离开弗吉尼亚的麦克林的家而去波士顿攻读教育学硕士学位。"我需要有自由来学习教育和音乐。"她说,"我需要在第一学期结束后能说'是的,我能行'。这是一个实验。"对那些怀疑花两年时间来追求一张"白纸片"是否值得的人,她说:"我知道我永远不会当一个四年级的教师,但我想得到的那张小纸片将赋予我可靠性。一旦我得到了它,我就不仅仅是琼·肯尼迪了。这对我这个岁数的许多女人来说是重要的。要是你进过研究院,才会有人听你的。"

听了琼·肯尼迪的话,女士们,你们认为如何?先不管这个社会怎么评价女人对事业的追求,尤其是那些为了事业而无法兼顾家庭的女性,身为女人，你们自己怎么看待这个问题？身为女人，难道就应该在平庸的职位上甘心认命？难道应该安于平凡，不能拥有事业上的野心，追求更出色的自己？答案是否定的。我认为，所有的女士都有权去追求事业，而且我觉得，在事业和职场上有"野心"的女人通常都有另类的美丽，让我们来看看下面这些"另类"美女。

黎侬·赫塞，天真活泼，热情洋溢，有十足的女人味，她毕业于模特学院，是荣誉榜的一分子。她嫁给了杰出的麻醉医生所罗门·赫塞，育有一个女儿。在《麦考尔》杂志工作15年之后，她在1968年加入《妇女家庭》杂志，曾担任执行编辑和管理编辑，最后于1973年荣升主编。她说："工作上的决定对我而言易如反掌，我对自己的判断毫不操心，但是当我生气或受伤时，就绝不会无所反应。有两件事使我最感苦恼：那就是被欺骗和被遗弃。每一回当我经过关闭的门，我就在想里面的人正在谈论我。

"花了两年时间，我才能冷静而一本正经地说：'因为我是编辑，我要这样。'女人仍然很难爬到高职位，几年前，《麦考尔》的经营管理有所改变，我去找赫伯·梅耶，要求总编辑之职，他说：'别傻了，没有女人能编这本杂志。做个安分守己的乖女孩，待在原来的职位上工作。'我很生气，但只能坐在那儿，感觉无力。我自卫地说：'或许我该另谋工作。'他说：'哎！不！'事情发生了，一星期后，我转到杂志部门。

"成为杂志的主编是意外之事，起初的大问题是我与男同事一起工作时的角色调整。早先我为几位男主管做了几年的办公室'妻子'，他们抢了我不少功劳。我为他们撰写演讲稿，坐在后面聆听，心中感到骄傲。我并不在乎，他们有头痛的责任问题。像许多女人一样，我喜欢当秘密武器，做王座后的力量，尤其是如果男人感谢我的贡献。

"当我爬到最高职位时，自己处于大家长的地位。主管离开了，我觉得自己像一个被宠坏的小孩,一位男同事对我说:'姐妹突然变成了母亲。'我想大家都有同感,后来我了解,必须要有独树一帜的管理形式。我相信我不只是一位坚毅、严肃、固定的母亲角色,而是开放的,大家不必挣脱束缚。女主管应该把她们的女人资产作为力量,有一种领导的坚定,而不害怕具有父亲的特质。"

以前,女人没有自由工作的权利,即使有工作,也只能从事一些比较卑微、无关紧要的职位;看看现在的世界,职业女性正在占据越来越重要的位置,这是社会的伟大进步。我一直认为,女性在智慧、能力、潜能等方面不输给男性,而将这些智慧和能力发挥出来,勇敢冲破歧视和不公平的现实,并在为事业、梦想而奋斗的过程中不断成长的女性,无疑是美丽的。

海伦·凯普兰是另一个工作中的美丽女人。

她小巧玲珑,利落明快,像是可以应付任何事的女人——事实也是如此。她出生于维也纳,在塞拉库斯大学学习艺术,21岁结婚,得到硕士和博士学位,有3个小孩,现在离婚了。她在性爱治疗上的先驱工作和《新的性爱疗法》一书使她举世闻名,不论是专家还是大众都对她推崇备至。

她说:"我在专业上有所成就,工作愉快,追求做一名演说家,有好朋友、乖孩子和一幢舒适的公寓,和世界上任何人都相处融洽。我母亲——她代表有同样想法的亿万人——认为这样并不完美。在母亲的眼中,如果我逮个金龟婿,才算幸福,这才是成功。因此我从小所接受的教育是嫁给一个成功的男人——而非自己追求成功。我是位分析家,但直到最近我才明了自己轻率地接受了很多母亲的价值观。

"我从不认为自己聪明。年轻时,我想做一名心理医生,但我觉得自己不够聪明,没资格进医学院。大学时我与心理学家约会,嫁给了其中一位。之后我才发现:我要做一位心理医生,而不是嫁给心理学家。

"在工作方面，现在我没有任何困难，我已想通了自己的志趣。我不想做医学院的系主任，我并不渴求权力。我对于人道和创造性活动的兴趣远超过行政工作，如果牵涉到权力斗争，会要我的命。我只要足够的权力能使我放手做自己的事。"

和男性一样，每一位女士都拥有完整的人生，既然如此，为什么男性不断寻找人生的意义、自身的极限，踏上梦想的旅程，而女性却必须依附于男性的梦想而活呢？仍然抱有这种想法的女士，我希望你们都清醒一下，像海伦·凯普兰一样，假如你对心理学感兴趣，你不需要嫁给一个心理学家，你完全可以让自己成为心理学家。

我认为，每一位女士都应该在事业上有点野心，永远不要安于现状，不要陷入一成不变的工作和生活，因为这样会让你停滞在原地，没有成长，失去激情、创造力和活力。想象一下，一位失去活力和激情的女士，会是美丽的吗？即使美丽，恐怕也只是一只美丽的花瓶，了无生气。只有一直要求自我成长、提升、蜕变的女性，才能被梦想滋养，在事业和生活中绽放出最美的自己。

幸福的钥匙在自己手中

 **卡耐基写给女人的话**

世上人人都在寻找幸福,但是只有一个确实有效的方法,那就是控制你的思想,幸福不在乎外界的情况,而是依靠内心的情况。

每个女人都希望获得幸福,但是,对一个女人而言,幸福是什么呢?

我听过一些女士的说法:她们认为自己一生的幸福就是找到一个优秀的、事业有成的、懂得疼爱妻子的丈夫,过上富裕、悠闲的生活。我不能说这样的想法是错误的,但它肯定是不全面的。因为我遇见过好几个这样的女人,她们都过着有钱有闲的生活,也都拥有一个优秀的、事业有成的、懂得疼爱妻子的丈夫,但我从她们身上并没有看到幸福的踪迹。没错,她们看起来一点也不幸福。

那天,我在一次晚宴上和一位夫人聊天,她的丈夫是纽约城一位知名的律师,毫无疑问,她生活优渥,衣食无忧,和丈夫的感情也很好,他们是朋友们公认的恩爱夫妻。但我从她美丽的脸上看出了疲惫的神色。当我客套地问她最近过得如何时,她竟然沉默了。"卡耐基先生,"她压低声音,"您听了可能会笑我，但我觉得我的生活糟糕极了。"我吃了一惊，连忙问她："怎么了？夫人，您生病了，还是遇到了不好的事情？"

她摇头说："并没有，先生，我没有生病，也没有不好的事情，一切都如您所见，我不愁吃穿，日子过得很闲适，我的丈夫，他一如既往地对我非常好，可是……"她停顿了一下，似乎是在思索如何开口，"可是，我的心情很糟糕，每天早上醒来，丈夫出门工作以后，我就不知道自己该做什么了，家里的事有仆人来做，和朋友去喝茶，也提不起兴致，从早到晚，我觉得自己非常累，有时坐在院子里发呆，一下午就过去了。

"我的丈夫，工作非常忙碌，经常没时间陪我，您知道，我们还没有孩子，我的生活无聊得简直让我抓狂，您说，这样的日子究竟有什么意义？以前我以为，只要过上现在这样的生活，就一定能够得到幸福。事实上，我也的确幸福了一阵子，可是您看，我现在真的不知道怎样才能感到幸福……"

各位女士，你们说这是为什么。如果拥有这么多都不能让人感觉幸福的话，那么幸福的秘诀到底藏在哪里？

我必须承认，当时我因为这位女士说的话而感到太过惊诧，以至于我没来得及告诉她，为什么她在这么好的物质条件和毫无缺陷的命运中仍然感受不到幸福。

女人这一生并非找到一个好丈夫，就万事大吉了。女士们应该把更多注意力放在自己身上。因为假如你自己不够好，你凭什么找到一个好丈夫？假如你内心太脆弱，丝毫不懂得应付生活，看不见自己手中那把幸福的钥匙，那你即使有幸找到一位好丈夫，你又有什么把握能够与他幸福地共度一生？

或许有的女士会说："我才不会像这个笨女人一样呢，要是我是她，我将有多少钱、多少时间去做那些让自己感到快乐的事情啊！那样我将过得多么幸福啊！我怎么可能像这个女人一样，放着这么好的日子不去享受，非得无病呻吟，说自己一点也不幸福呢？"可是，女士，难道你忘了，这位夫人一开始也如你所说，幸福了一阵子呢。而她此后之所以感到不幸福，无非是因为欲望的满足、物质上的富足只能给人带来暂时的快乐和幸福。

真正长久的幸福存在于你的心底，不会因外界条件的变动而发生改变。它不需要金钱来满足，也不需要别人来给予。

写到这里，我记起以前接触过的一位女士，她的名字叫茱莉亚。茱莉亚住在亚拉巴马州伯明翰市的一个小镇上，是一家杂货铺的老板娘，她长得很漂亮，即使已经年过四十，仍然光彩照人，她很喜欢笑，尽管笑起来时脸上有一些皱纹，但看上去幸福满溢，见到她的人几乎都会被她身上洋溢出来的幸福所感染，忍不住喜爱她，与她亲近。

可是，她的丈夫是小镇上出了名的丑男。他身材很矮，脸很大，眼睛很小，嘴唇又很厚，我不知该如何描述，总之他是一位令人过目难忘的男士。茱莉亚的很多朋友都不理解，为什么她会选择嫁给这样一个男人？他长相不好，也没有过人的才能和家底，"茱莉亚年轻的时候，有好几个薪水高、长相又帅气的男人追求她，可她都拒绝了。"她的朋友这样对我说。

后来，我有了一次直接与茱莉亚交谈的机会，我不好意思直接向她提出这个问题，只是装作不经意地提起她的朋友们的看法。

"我知道，"茱莉亚说，"您也觉得好奇吧？其实，原因很简单，我也和我的朋友们说过，我和我丈夫的结合完全是出于爱，没错，仅仅是因为爱，可惜朋友都不肯相信。您知道，当时我身边有几位追求者，如果比较外在的条件，我的丈夫的确比不上其他几个人，但是，只有他和我有共同语言，我们能够聊上一天一夜也不厌倦，他愿意陪我去做我喜欢的事，也很乐意和我分享他的爱好，比如网球、钓鱼，都是他教会我的，我当时想，和他在一起，那样的生活才是我想要的。所以我嫁给了他。我知道别人的疑惑，甚至还有人为我感到惋惜，可是，我为什么要听别人的呢？这可是一个关系到我是否幸福的选择。怎么样，卡耐基先生，听到这样一个无聊的故事，您是不是觉得很失望？"说完，茱莉亚露出顽皮的笑容。

我向她保证，这个故事一点也不无聊。岂止不无聊，这简直是我听过的最好的故事之一。她是一位多么自信、聪慧的女性！她是一位真正明白幸福真谛的幸福女性！

女士们，你们是否明白：幸福不是别人眼中的光鲜亮丽，不是欲望的满足，它只存在于富足、独立、淡定、充满自信的心灵之中。没有富足的内心，即使你拥有足够多的物质条件，即使找到了一个爱你的丈夫，即使过上了人人羡慕的生活，你也没有办法为自己的幸福负起责任。换句话说，内心没有力量，你就很难应对生活的起伏和挫折，很难在世间的繁杂和诱惑面前保持淡定，很难在任何时候都保有坚定不动摇的自信，很难从日复一日的生活里找到随意自在的快乐和幸福。

世上人人都在寻找幸福，但是只有一个确实有效的方法，那就是从你的内心寻找，幸福不在乎外界的情况，而是依靠内心的情况。

女人要有说"不"的自信

 **卡耐基写给女人的话**

我们必须建立自我价值,如此一来,才能勇敢说"不"。

有一天,剧作家莫斯·哈特与加森·卡尼聊天,哈特询问卡尼对第一女主角的真正感觉,卡尼表示自己并不中意,但编剧喜欢她。"别用她。"哈特坚定地对卡尼说,"不要同意,好好听我的话,我一生中所犯的错误,全是在我该说'不'时却说'是'的情况下造成的。"

拒绝的能力是果断的重要条件,大家总是在要求你——不论是老板、配偶、陌生人、同事还是室友。如果你在该拒绝时却说不出口,那么就只能被动地等待别人来操纵你的生活。

的确,在开口说这个简单的"不"字时,女人尤其觉得难堪。《韦氏第三版新国际字典》对"女性化"一词的定义是:"接受行动……被动。"许多女人自认所谓的"女人味"就是优柔寡断和被动。有些人觉得慈爱是女人的本分,总是先照顾他人的需要,把自己放在后面。不论别人的要求多不合理,对她们而言,答应比拒绝来得容易,而且不会有罪恶感。由于一辈子都当二等人，因此对自己做决定的能力也缺乏信心。她们认为："我怎能不同意呢？他比我知道得多，我的意愿不值一提。"有些人不说拒绝，是因为觉得这会引发争端，或招人讨厌。有些顽固的女人甚至认为自己吃亏是天经地义的事。

帕斯卡尔说："认识自己的可悲是可悲的。然而，认识到自己之所以可悲则是伟大的。"这句意味深长的话似乎是专为女人而说的。许多女人将男人视为有权力的人物，却将自己视为受害者。这就是她们被抚养长大的过程——让她们以为，即使努力尝试也赢不了。不受重视、不被尊重，要知道，多数情况下是女人允许这些事件发生的，因此也应该由她们负责终止。如果没有女人的允许（无论正式或非正式的），它不可能持续这么长的时间。

如果愿意警醒地说"不"，就可以养成说"不"的习惯，然后便能改变整个受害的处境。

由于你没有学习为自己辩护，因此无法表达意见、希望，或拒绝接受最不合理的要求。你简直是鼓励人们踩在你头上，他们对你的努力却很少说声谢谢。你不能肯定自己到底是谁，也不知道自己需要些什么，于是就逆来顺受地过了一辈子，一直觉得自己像维多利亚小说中的穷亲戚那样看人脸色。

女性有拒绝的权利，要学会大声说"不"，要明白、坚定、大声地说出你的回答："不。"

你不必一辈子做个唯唯诺诺的人。威斯康星大学的研究证明：说"不"是一项可以学习的技巧。

1. 一开始回答时便说"不"。如果不这么说，你会以"或许"或"好吧"来结束。

2. 用坚定的声音回答。如果你低声说出，语气犹豫，那么所说的话与声音将是两回事，其他人会逮住机会。

3.回答简明扼要。如果你解释了半天,就变得心慌愧疚或感觉被动,并开始投降,你要做到言简意赅而诚恳。

4.不要让焦虑使你说不出拒绝之词。比如说,你与男友同意分手,不再见面。你对他没有兴趣,他打电话来约你外出,合适的对话应该像这样:

他:"琼安,我想见你。"

你:"我认为我们彼此不该再见面了。"

他:"我改变了。"

你:"不,我真的不想再见你,也不想再谈下去。"

如果你不坚定,则会发出这样的信息:"我不确定,我可以被说服。"

5.你有说"不"的权利。你有权告诉婆婆你不能为她跑腿办事,也有权不借钱给亲戚,更可以严拒登门卖杂志的推销员。你也有权保持自己的作息——虽然这与别人的不同。

6.当有明确理由答应时,不必拒绝。说"不"的艺术并非变得自私自利。你必须凡事考虑,包括别人的感觉和你对他人的感觉,这是一种慎重的决定。

7.当你想说"是"时,千万别说"不",否则会将事情带到另一个极端。几年前,有一位报业人员得到华盛顿一家报纸的编辑工作。那时她与丈夫吉姆住在芝加哥,她回忆道:"我甚至根本没告诉吉姆我得到了这份工作,只是径自拒绝,并非是他不肯,而是我自己断然回绝。真是疯狂。一年后当他告诉我说,他经常梦想住在华盛顿时,我觉得自己像傻瓜。"

切记,在这方面有困扰的并非只有你一个人。当年36岁的伊朗皇后在美国接受访问时,谈起生态学、女权、艺术和教育。她说:"要处理这么多事并不容易,很累人的。当我疲惫时,会食不下咽,感到沮丧……我必须学习说'不'。"

连皇后也有说"不"的困扰,何况一般人呢?

我们必须建立自我价值，如此一来，才能勇敢说"不"。必须睁开双眼、放大直觉，观照我们隐伏的思考方式，它是让恶行蔓生的根源；从头述说真相的原委，拒绝容忍恶质的行为，伸出求援的双手，立刻制止恶行的发生。

对某些人来说，说"好"同样是个大问题，来看看露莎：

露莎8年来一直从事社区社工工作，辅导复原的精神病患者重回社区。过去的4年中，她一直担任社工之家的副主管。有一天傍晚下班后，主管约了她去喝一杯。

"露莎，我想让你第一个知道，我辞职了。我在医院找到了一个新工作，我已经递出辞呈了。"

"那么恭喜你了！真不错啊，丽莎。"露莎说。

丽莎很高兴地接受了露莎的道贺。她喜欢那种受人恭维的感觉。接着她说："这样对你来说也有好处，露莎。"

"怎么说呢？"露莎问。

"你看嘛！你是接替我职位的最佳人选，每当我不在时，你总是全权负责社工之家的一切事务，而且都做得很好。你有足够的资历，而且也有兴趣，不是吗？"丽莎问。

露莎感到有些不知所措。她一向乐于以副主管的身份管理社工之家。她知道自己有能力做主管，而且她也想要这个职位。是的，她非常想要。然而现在她感到不知所措，而且忐忑不安。

"噢……嗯，我必须考虑一下。"露莎回答道。

露莎很想要这个职位，但是当她被问及这个问题的时候，她反而难以开口说"好"了。如果社工之家的主管丽莎就此认为露莎不想要这个职位，或者并不确定自己要不要，那么她势必就不会推荐露莎接替这个职位了。

像露莎一样的人并不在少数，她们为何难以说"好"呢？和难以说"不"

的情形类似，这都是缺乏自信和自我价值造成的。

首先，认为"我不配"。

在自尊心和自卑的驱使下，你可能就会有这种感觉。

其次，认为"他们或许不是认真的"。

这可能是上一点的延伸。你认为他们之所以会来问你，可能是因为他们觉得有愧于你，或者仅是礼貌性的知会。最佳的因应之道是，允许别人来问问你的意见，至于如何回答就是你的责任了。

最后，还可能认为"我还不够了解情况"。

你可能并不十分清楚自己即将答应的对象是什么，因此你应该要求对方提供更多的资料，好让你做出自己真心的抉择。

如何自信地说"好"？我的建议是：

首先，清楚明确地说"好"。

其次，确认自己难以开口的原因何在。例如："我可能会太过唐突""他们应该说服我""他们并不是真的要我"等等。

再次，实际审视自己的这些想法，然后扪心自问一番：

——我是否想对这个机会说"好"？

——如果他们认为我太"唐突"，真的会有什么关系吗？

——他们为什么应该说服我？

——如果他们不要我，那么为何还要问我？

最后，替自己理清这些想法，然后再度确认本身说"好"的意愿。

在特殊情境中，女士们应该灵活运用"好"与"不"。当自己真正想说"不"时才说"不"是一种正面的做法，而非负面的。如此运用"不"，是自信训练中一种既基本又强有力的技巧。同样的，很多人也难以开口说"好"以接受他人的授予。为了使双方"扯平"，我们经常会觉得必须立刻投桃报李。

如果我们有足够的自信，必能接受他人的赞美与授予，而不会因为他人施惠于我们就觉得自己处于弱势。

现在，就请你牢记下面这些尊敬自己的肯定言辞。相信，当你将它们深深植入你的内心，成为你信念的一部分的时候，你会发生惊人的变化：

我是个有价值的人；

我一向尊重自己；

我是有能力的；

我支持其他女人；

我很容易为自己说话。

抱怨是在消灭自己的能量

 卡耐基写给女人的话

不管遇到什么事情,千万不要抱怨,因为抱怨是一件毫无益处的事,它只会浪费你的时间和精力,消灭你的智慧和能量,让问题拖延,或者变得更加棘手。

多年来,我常到离家不远的公园中散步、骑马,以此作为消遣,像古时高尔人的传教士一样。我很喜欢橡树,所以每当我看见一些小树及灌木被人为地烧掉时,就非常痛心,这些火不是由粗心的吸烟者所致,它们差不多都是由到园中野炊的孩子们摧残所致。有时这些火蔓延得很凶,以致必须叫来消防队员才能扑灭。

公园边上有一块布告牌,上面写道:凡引火者应受罚款及拘禁。但这布告牌竖在偏僻的地方,儿童很少看见它。有一位骑马的警察在照看这一公园,但他对自己的职务不大认真,火仍然是经常蔓延。有一次,我跑到一个警察那边,告诉他一场火正急速在园中蔓延着,要他通知消防队。他却冷漠地回答说,那不是他的事,因为不在他的管辖区中。在那以后,当我骑马的时候,我觉得自己有必要担负起保护公共地方的义务。

然后，我做了什么呢？当我看见树下起火时，我非常不快，上前警告他们，用威严的声调命令他们将火扑灭。而且，如果他们拒绝，我就恫吓要将他们交给警察。结果呢？那些儿童遵从了——怀着一种反感的情绪遵从了。在我骑过山后，他们又重新生火，并恨不得烧尽公园。

这件事带给我很大的怒气和挫败感。我能怎么办呢？又不能天天守在公园里。于是，那段时间，我总在喋喋不休地抱怨。我向警察抱怨孩子们的行为，向妻子抱怨警察的冷漠，向朋友们抱怨这件事带给我的烦恼……天哪，女士们，你们相信吗？整整一个月时间，我几乎不能停止抱怨！

直到有一天，我的妻子对我说："你打算抱怨到什么时候？假如你把发牢骚的时间和精力用来解决问题，把你绘声绘色描绘这件事时的聪慧头脑用来想想办法，或许从上个月开始公园里就不会再发生火灾了。"

这番话让我冷静下来，而一旦不再抱怨，我发现我的脑子里立刻想出了办法。最后，我完美地解决了这件事。解决的方法非常简单：

那天我去骑马，看到那群孩子在树下生火，于是我走上前去，对他们说道："孩子们，这样很惬意，是吗？你们在做什么晚餐？当我是孩童时，我也喜欢生火——我现在也很喜欢。但你们知道在公园中生火是极危险的，我知道你们不是故意的，但别的孩子们不会这样小心，他们过来见你们生了火，所以他们也会学着生火，回家的时候也不扑灭，以致在干叶中蔓延烧毁了树木。如果我们再不小心，这里就会没有树林。因为生火，你们可能被拘捕入狱。我不干涉你们的快乐，我喜欢看到你们感到很快乐。但请你们即刻将所有的树叶扫得离火远些，在你们离开以前，你们要小心用土把火盖起来，下次你们取乐时，请你们在山丘那边的沙滩中生火，好吗？那里不会有危险。多谢了，孩子们，祝你们快乐！"

假如我在第一次遭遇孩子们的反感和反抗时就能够冷静下来想出这个

解决办法，那这一个月的时间，也不至于在抱怨中度过了。女士们，我非常愿意用我的亲身经历与你们分享我领悟到的道理：不管遇到什么事情，千万不要抱怨，因为抱怨是一件毫无益处的事，它只会浪费你的时间和精力，消灭你的智慧和能量，让问题拖延，或者变得更加棘手。

我认识一位名叫玛丽的姑娘，她在一家公司当文员。看得出来，她是一个悲观的人，她似乎总是在抱怨他人与环境，只要工作上稍微不顺，她就会牢骚满腹。在我看来，玛丽是一个有着优秀潜质的人，然而，她整天生活在负面情绪当中，完全享受不到工作和生活的乐趣。

去年，玛丽所在的公司由于经济不景气而裁员，部门经理首先就想到了她。经济环境不好，公司更需要增加业绩、团结一致，玛丽除了发牢骚，还是发牢骚。第一轮裁员刚刚开始，玛丽就接到了解聘信……

一个优秀的女孩却让自己活在抱怨里，这真是很可惜的事。各位女士，如果你们当中也有人如玛丽一样活在抱怨里，假如你们抱怨薪水、抱怨上司、抱怨丈夫、抱怨孩子，那么，我想请你们留意这样的事实：常常抱怨的人，最终会活在她们所抱怨的现实里，无法自拔，因为她们根本不想改变。

假如你永远抱怨自己的薪水少得可怜，却从不为此做些什么，那么你很可能永远都只能领到一份少得可怜的薪水；如果你永远抱怨上司不体谅下属，抱怨他的工作习惯和办事风格，却从不试图与他沟通、为改善你的看法和彼此的关系做出努力，那么，恐怕你们的关系会更加恶化——和上司关系恶化，对你有什么好处？这就像抱怨对你没有任何好处，你仍然不断地把时间浪费在抱怨上。

我最近碰到一位义愤填膺的女士，有人警告我，只要和她聊天，15分钟内她就一定会谈起那件事。果然如此。令她气愤的事发生在11个月前，可是她还是一提起就生气。她简直不能谈别的事，当时，她劝说丈夫为他公司里的34位员工发了10000美元圣诞节奖金——每人差不多300美元——结果没有一个人表示感谢。她向我抱怨说:"我很遗憾,我居然发给他们奖金。"

11个月的时间里,她一直在抱怨这件事,可是这有什么用呢?钱已经给出去了,不可能再收回来。无休止地生气,让怒火烧伤身体;背负着沉重的心理包袱,占据了生活中快乐的空间;损耗内心的能量,让她没法去做那些更重要的事情——除了这些后果之外,抱怨还能为她带来什么?

女士,假如你现在正在抱怨,我想请你立即停止,想一想自己究竟要说什么再开口,或者,干脆沉默吧。适当沉默不语,好过永远喋喋不休。只要你停止抱怨的语言,情绪就能稳定下来,你的注意力也很容易转移到其他事情上。假如你有抱怨的习惯,我希望你平时对自己的言行多加留意:如果你说一句带有怒气的话,或者做一个于事无补的举动,请立刻停下来,停止损耗你的能量,并将这些能量用来思考和执行以下两点:问题在哪里?如何解决?只要长期坚持这样的训练,我相信,抱怨给你带来的损失将会越来越小。

放过自己,是为了接纳生活的美好

卡耐基写给女人的话

很多时候,我们感觉到不开心,不快乐,郁闷,痛苦,真的是因为环境使然吗?难道不是因为我们的内心有太多纠结和执着,因为我们自己一直活在负面的情绪里,才让生活中的一切美好都离我们远去吗?

我认识一位住在纽约的妇人,她一天到晚找人倾诉自己的孤独。没有一个亲戚愿意接近她。你去看望她,她会花几个钟头喋喋不休地告诉你,她的侄儿小的时候,她是怎么照顾他们的。他们得了麻疹、腮腺炎、百日咳,都是她照看的,她抚养他们许多年,还资助一位侄子读完商业学校,直到结婚前,他们都住在她家。

这些侄子会来看望她吗?噢!有的!有时候!完全是出于义务性的。他们怕回去看她,因为想到要坐几个小时听那些无休无止的埋怨与自怜就头脑发涨。当这位妇人发现威逼利诱也没法叫她的侄子们回来看她后,她就剩下最后一个绝招——心脏病发作。

这心脏病是装出来的吗?当然不是,医生也说她的心脏相当神经质,常常心悸。可是医生也束手无策，因为她的问题是情绪性的。

女士们，我相信，你们一定也和我、和这位妇人的所有亲人一样，忍受不了她。她当然是个好人，上帝保佑，她付出许多辛劳和爱，将侄子们养大，而她那些长大成人的侄子，当然也对她充满感激。可是，你叫他们怎么表达这种感激呢？反正如果是我，我肯定也束手无策。因为问题并非出在别人身上，问题出在她自己身上，是她不肯放过自己，好好生活。

其实，这位妇人可以生活得很好：平时，她一个人自由自在地过日子，像所有温柔和善的妇人一样，微笑着和邻居打招呼，去参加老年俱乐部，结识新的朋友，和他们一起去旅行。她的侄子很愿意回来看望她，他们会带着妻子、儿女一起，和这位满面笑容、慈爱宽容的妇人一起，度过快乐的家庭时光，他们甚至会围着她，求她讲一讲他们小时候的事……只要她肯放下现在她所纠结、执着的一切，放过自己，也放过她最亲的人，她就可以过上美满、幸福的生活。

读完这个故事，我们不妨审视一下自己。很多时候，我们感觉到不开心，不快乐，郁闷，痛苦，真的是因为环境使然吗？难道不是因为我们的内心有太多纠结和执着，因为我们自己一直活在负面的情绪里，才让生活中的一切美好都离我们远去吗？

和周围的人比一比，女士，或者和你的父母、父母的父母比一比，你会发现，你和他们的生活、经历、遭遇相差并不大，每个人都有过烦恼，每个人都得到过幸福，每个人都尝过痛苦的滋味，而决定一个人情绪和生活好坏的关键因素，并非外在遭遇，而是面对遭遇的态度。

上面这个故事中的纽约妇人，她的生活真的如她所抱怨的那样差吗？生活，命运，她的侄子，全都不曾这样亏待她，造成她的孤独和心脏病的根由，是她自己，因为她从来没有试过放宽胸怀，轻松生活，努力让自己过得快乐。

在现代社会，不快乐几乎已成为人们的通病，尤其是对女性而言。我记得在《人性奥秘》一书中，有一篇标题为"无名病"的文章，作者格莱姆说，现今世界越来越多的女性所面临的苦境是，她们对生活厌烦不满，她们压根儿就没有快乐，更谈不上精力充沛、活力四射。

来听听一位24岁的母亲的自述：

"我身体健康，孩子们都活泼可爱，家庭舒适，经济上也算宽裕。我的丈夫是一个电子工程师，前途无量，但不知为何我总觉得不满足，我常问自己为什么会这样。我的丈夫认为我可能需要度假休息一阵子，但我需要的并不是休息，因为我根本就不能独自坐下来看书。孩子们午睡时，我就会在房间里走来走去，等着去叫醒他们。有时早晨醒来，我会觉得一点盼望也没有。"

这个世界上，可以说除了圣人之外，没有人能随时感到快乐。原因在哪里？这就像一位哲人说过的那样："如果我们感到可怜，很可能会一直感到可怜。"一切都与我们内心的状态和想法息息相关。如果这位24岁的女性不改变自己的内心，不肯主动让自己厌烦、绝望、抑郁的情绪得到释放的话，那么，即使她拥有了全世界，恐怕也不会感受到美好和幸福。

生活一直都是美好的，或者，更准确地说，生活一直有着美好的一面，女士们，只是我们没有去发现、去感受，我们把自己困在负面情绪里，困在绝望里、抱怨里、悲观的心态里，为一些无所谓的小事而纠结、为难自己，为一些很小的错误而自责，不肯原谅自己——正是因为这些，我们才失去了快乐。

让我们来看一看纠结、抱怨、悲观给女性身心带来的恶果：

1. 假如你总在为过去计较，为当下的遭遇抱怨不已，那么你很可能也会如那个纽约的妇人一般，面色阴沉，患上说不清缘由的心脏病等病症；

2. 总是不快乐，会让女士们眉头紧锁，嘴角下垂，脸上更容易长出皱纹，让容貌看起来憔悴衰老；

3. 纠结于错误或者沉浸于坏情绪里，会让你的生活越来越糟糕，对人际关系、职业、家庭都造成影响。

  我想，我不用再赘述了，女士们，我们来到世上，并非为了忍受折磨和痛苦，而是为了享受生命、健康、美丽、幸福地生活。所以，永远要记得去看世界和人生美好的一面，也要看到自己美丽的一面，少一点纠结，少一点苛责，少一点烦恼，放过自己，放过无关紧要的错误，放过成败得失，放过负面的情绪，尽全力好好享受生活。

气质是女人最强大的气场

 **卡耐基写给女人的话**

一位气质高雅的女性,随便出现在什么场合,都会吸引众人的目光,让人不自觉地用彬彬有礼或者尊敬的态度对待她,用优雅的语言和她交谈,同时又很愿意亲近她,为她效劳。

我一直认为,对女性而言,气质比美貌更重要。拥有美貌的女性,更要去拥有高雅的气质;而没有美貌的女性,不一定要用割双眼皮、拉皮等手术费尽心思地寻找美丽,与其拥有美貌,不如好好在教养和气质上下功夫。

化妆只是最末的一个枝节,它能改变的事实很少;深一层的化妆是改变体质,改变生活方式,仅仅只是睡眠充足,就比化妆有效得多;再深一层的化妆是改变气质,做一个有教养的女人,多读书,多欣赏艺术,多思考,对生活乐观,对生命有信心,心地善良,关心别人,自爱而有尊严,这样的人就是不化妆也让人乐于亲近。脸上的化妆只是女性化妆的最后一件小事。

我常说,气质是女人最强大的气场。一位气质高雅的女性,随便出现在什么场合,都会吸引众人的目光,让人不自觉地用彬彬有礼或者尊敬的态度对待她,用优雅的语言和她交谈,同时又很愿意亲近她,为她效劳。相反,一位没有气质的女性，哪怕她长得再漂亮，只要她的行为是粗鲁的，语言是粗鄙的，性格是恶劣的，那她就不可能受人尊敬，不可能拥有强大的气场，令周围的人都受到美好的感染和影响。

气质主要表现在言谈举止上，一举手，一投足，说话的表情，待人接物的分寸，都是气质的外在表现。如果你和一个人初次见面，对方立刻对你产生好的印象，那么这个好感除了你的言谈得体之外，就是你身上的教养和气质的一种潜移默化。

高雅的兴趣也是气质的一种表现，如爱好文学并有一定表达能力，欣赏音乐且有较好的乐感，喜欢美术并有基本的色彩感，等等。这样的人很受别人欣赏，与之交往的人也多。

气质还体现在性格上。这体现在社交场合上与人交谈时表现出的涵养上，要忌怒，忌狂，能忍让，体贴人。温柔并非沉默，更不是逆来顺受，毫无主见。相反，开朗的性格往往透出天真烂漫的气息，更易表现内心情感，而富有感情的人更能引起异性的共鸣。

那么，良好的教养、优雅的气质应该如何培养呢？

举例来说，好莱坞著名女演员凯瑟琳·赫本自20世纪30年代从影，至死仍在拍片，是影龄最长的影星。她一生共获得4次奥斯卡最佳女主角奖，9次获得提名。赫本一生拍片数十部，她的成功在于她在表演艺术上顽强不息的追求，她年逾古稀，仍奋斗不止。1985年，在76岁高龄时，她又推出一部反映老人问题的喜剧片《格雷丝·奎克利的最后出路》，真正称得上是好莱坞的常青树。我们很容易看出，不断进取正是赫本魅力常在的奥秘。再比如英国王妃戴安娜那种雍容高贵的气质，不仅令国民折服，更是她在政治上出奇制胜的砝码。

她们的这种气质并非与生俱来，而是经过严格训练和学习得来的。

首先，要懂得自我修饰。

懂得爱护自己的女人一定懂得打扮自己。因此，从头发的样式、护肤品的选用、服饰搭配到鞋子的颜色，无一不需要你细心地面对。从头到脚的细致，当然是需要花很多时间和心思的。因此，要想做气质高贵、有教养的女人，就必须从做细致的女人开始。可别小看了细致，也许仅仅因为指甲油的颜色不协调就导致你前功尽弃。

站在一个男人的立场，我想对所有女人说，一个男人对着女人一张细致的脸说话要比对着一张粗糙的脸说话有耐心得多。尽管男人说出这样的话可能会使大多数女人不满，但这又确实是不争的事实。毫无疑问，女人的脸部呵护是极为重要的。护肤品的选购和使用绝对不能偷懒，因为它关系到你的"面子"工程。

其次，你需要学会自我欣赏。

懂得自我欣赏的女人光彩照人，落落大方，灿烂的笑容里有一股高贵的气息，让男人在仰慕的同时又有些敬畏。但是，女人也绝不能自以为是，盲目自我崇拜，那样比自卑的女人更可怕。

再次，气质高贵的女人最重要的一条，就是由内而外散发的文化气质。

文化气质的提升不只是单纯看书、学习，也可以是欣赏一部好电影，经常翻阅一些出色的时尚杂志，学学外文。只有不断加强修养，女人才能在绚丽的生活中游刃有余、潇洒自如，生活也将因此更加丰富多彩。

最后，我建议所有的女士都学会保持本色。

在每一个女人的成长过程中，她一定会在某个时候发现，羡慕是无知的，模仿也就意味着自杀。玛丽·玛格丽特·麦克布蕾刚刚进入广播界的时候，想做一个爱尔兰喜剧演员，结果失败了。后来她发挥了自己的长处，做一个从密苏里州来的很平凡的乡下女孩子，成为纽约最受欢迎的广播明星。

著名心理学家威廉·詹姆斯曾经谈过那些从来没有发现自己的人。他说:"一般人只发展了10%的潜在能力,他们具有各种各样的能力,却习惯性地不懂得怎么去利用。"而气质高雅的女性会懂得如何利用自己天生的本色。

她们不会因为赫本很优雅或者戴安娜雍容高贵就去模仿她们,她们很清楚,模仿来的气质是虚假的,真正的优雅气质是由内而外散发出来的,它是一个女人从身体到心灵的全部,它包括自信、自我欣赏,包含一个女人对生命的热爱,对生活的热情,对美好事物所拥有的敏锐感受,它从每一句话语、每一个举动中自然流露出来。所以,要使自己拥有这一切,只能认识自己、接受自己,并在此基础上全面提升和完善自己。

当优雅成为一种自然的气质时,这位女人一定会显得成熟、温柔,同时拥有强大的吸引人的气场。就像蒙娜丽莎的微笑一样,优雅的气质是一种恒久的时尚。一个女人优雅的气质和举止永远让人赏心悦目,并生出赞美、尊敬和亲近之意。

第五章
做知性、有教养的魅力女人

拥有美丽的容貌是每个女人梦寐以求的事，但若想成为富有魅力的女性，美丽的容貌并非必需品。一个真正有魅力的女性，有优雅的举止、非凡的教养、高贵动人的气质，她自信乐观，神采奕奕，她充满知性，品位不凡，她淡定从容，光彩焕发。这样的女性，即使没有美丽的容貌，也一样魅力无限。

智慧的女人最美

 **卡耐基写给女人的话**

女性的智慧之美甚过容颜,因为心智不衰,它超越青春,因而智慧永驻。

英国作家毛姆曾经说过:"世界上没有丑女人,只有一些不懂得如何使自己看起来美丽的女人。"现代女性早已经学会在繁忙和悠闲中积极地生活,懂得如何读书学习,也懂得开发自身的潜能,从而使自己的女性魅力光芒四射。下面是沙曼女士的心得:硬件不足软件补。

"作为女人,只有漂亮的脸蛋是远远不够的,她必须学习,不断地在精神上有所进取。

"当然,并不是因为我丑才说出这番话的。因为相貌一般或容貌比较困难的女性,非常明白自身的缺陷,所以就特别懂得去发掘自己的个性美,更注重内在气质的培养和修炼。

"我曾在一家国有企业任职,我们办公室有两女三男,另一个女孩的确长得很漂亮,她也因此占尽了便宜。但要论能力、论业务,她样样不如我。可一遇到涨工资、晋升职称、疗养的机会,却样样都是她的。

"面对这些不公平,我没有说什么,只是暗暗地读书学习,报名参加了英语班、计算机班和舞蹈训练,给自己"配置"和"升级"了许多优秀的软件,因为我很清楚自己的硬件不足,只有靠软件来补了。

"两年后,我辞职来到一家合资企业。在那里,我从一名职员开始做起,一直做到总经理助理。在一次谈判结束后,对方的老总邀请我共进午餐。后来,他成了我的先生,他说那天我在谈判中沉着冷静、不卑不亢的态度和优雅的举止、不凡的谈吐,深深地吸引了他。当时,他觉得我是最美的女人。

"现在,我已经做了自己的老板,有了一个可爱的孩子,先生说我在家庭中是贤妻良母,在事业上是优秀的管理者。"

有情趣、有智慧的女人是最美的。女性的智慧之美甚过容颜,因为心智不衰,它超越青春,因而智慧永驻。谚语云:"智慧是穿不破的衣裳。"现代女性中注重培养自身风度之美者,在不断改善自身的意识结构和情感结构的同时,无不特别注重改善自身的智力结构,积极接受艺术熏陶,使自己的风度闪耀出智慧的光彩。

我认为,这样一种女人最具魅力:她们聪明慧黠,人情练达,超越了一般女孩子的天真稚嫩,也迥异于女强人的咄咄逼人。她们在不经意间流露着柔和知性的魅力的同时,也对人群保持着一份若即若离的距离和冷漠。

很多男人在言语行文中流露出一种对知性女人心驰神往却又可望而不可即的无奈与惆怅,在他们眼中,这一类女人人间难求,绝对不是俗物。事实上,知性女人同时是食人间烟火的俗人,她们同样离不了油盐酱醋茶,同样要相夫教子。因为只有大俗方能大雅,只有这样才是完美女人。

在我看来,知性女人的优雅举止令人赏心悦目,她们待人接物落落大方;

她们时尚得体，懂得尊重别人，同时也爱惜自己。知性女人的女性魅力和处事能力一样令人刮目相看。

灵性是女性的智慧，是包含着理性的感性。它是和肉体相融合的精神，是荡漾在意识与无意识间的直觉。灵性的女人有那种单纯的深刻，能令人感受到无穷无尽的韵味与极致的魅力。

弹性是性格的张力，有弹性的女人收放自如、性格柔韧。她非常聪明，既善解人意又善于妥协，同时善于在妥协中巧妙地坚持到底。她不固执己见，但自有非同一般的主见。

男性的特点在于力，女性的特点在于收放自如的美。其实，力也是知性女人的特点。唯一的区别就是，男性的力往往表现为刚强，女性的力往往表现为柔韧。弹性就是女性的力，是化作温柔的力量。有弹性的女人使人感到轻松和愉悦，既温柔又洒脱。

真正的智慧女性具有大气而非平庸的小聪明，是灵性与弹性的结合。一个纯粹意义上的知性女人，既有人格的魅力，又有女性的吸引力，更有感知的影响力。她不仅能征服男人，也能征服女人。

这类女人不必有羞花闭月、沉鱼落雁的容貌，但她必须有优雅的举止和精致的生活。

这类女人不必有魔鬼身材、轻盈体态，但她一定要重视健康、珍爱生活。

这类女人在瞬息万变的现代社会中，总是处于时尚的前沿，兴趣广泛，精力充沛，保留着好奇纯真的童心。

这类女人不乏理性，也有更多浪漫气质，春天里的一缕清风，书本上的精词妙句，都会给她带来满怀的温柔、无限的生命体悟。

这类女人因为经历过人生的风风雨雨，因而更加懂得包容与期待。

这类女人内在的气质是灵性与弹性的完美统一。

具体来说，女人智慧美的魅力主要体现在以下几个方面：

1. 丰富的内心

有理想，是内心丰富的一个重要方面；有知识，是内心丰富的另一个重要方面，这是现代女性所必不可少的。一定的科学文化知识将使女性魅力大放光彩。除此以外，需要胸怀开阔。法国作家雨果说过："比大海宽阔的是天空，比天空宽阔的是人的胸怀。"然而，多数女人都做不到这一点。

2. 突出的个性

女性的美貌往往具有最直接的吸引力，而后，随着交往的加深、广泛的了解，真正能长久地吸引人的是她的个性。因为这里蕴含她自己的特色，是在别人身上找不出来的。正如索菲娅·罗兰所说："应该珍爱自己形体的缺陷，与其消除它们，不如改造它们，让它们成为惹人怜爱的个性特征。"

3. 优雅的言谈

言为心声，言谈是窥测人们内心世界的主要渠道之一。在言谈中，对长者尊敬，对同辈谦和，对幼者爱护，是一个人应有的美德。

4. 高雅的志趣

高雅的志趣会使女性锦上添花，从而使爱情和婚后生活充满迷人的色彩。

每个女性的气质和魅力不尽相同。而女性的气质和魅力又跟女性的人品、性情、学识、智力、身世经历和思想情操分不开。可以这么说，对女性来说，魅力实际上是一种无形的吸引力，是社会中各种交往活动不可缺少的条件，也是由心理的、社会的、文化的、习惯经验等诸多因素相融合的统一体，并在人际交往中得以充分表现。魅力包含着深厚而丰富的心理内容，是一种人格特征，是人们心理机制与外部行为的完美统一。因此，女性要有优雅的气质和风度，要有魅力，必须有良好的教育和修养，以及在此基础上形成的智慧。

优雅的举止让你魅力四射

 **卡耐基写给女人的话**

当你面对一个气质动人、举止优雅的女性，不管她的长相是否漂亮，你都会自然地觉得她很美、很有魅力。

英国著名演员卡瑟琳·罗伯茨被认为是贵妇人的最佳扮演者，因为她经常在剧中扮演女王、王公贵妇这一类角色。在演出中，卡瑟琳身上那种毫不做作的高贵气质和优雅举止，给观众留下了非常深刻的印象，因此她的演技获得了很高的评价。

有一次，我去伦敦，有幸采访到这位成功的女演员。我问她是如何塑造出那么多尊贵的人物形象的，她笑了。我知道，她明白我的意思：这位极为擅长扮演贵妇人的女演员，出生于一个普通的农民家庭。这太神奇了，她究竟是怎么做到的？

"在第一次接到这类角色时，"卡瑟琳说，"说实话，我害怕极了。我只是一个平民，普通人，从来没有进入过上流社会，一个贵妇人，天哪，我要怎么演呢？假如观众认为我只是一个穿上华丽衣服的乡下女人，那我一定会受不了的。哪怕只是一点点，我也希望能演得更逼真一些，于是我开始出入各种高级场合，留心观察那些贵妇人。

"一开始，我只找到一些大概的感觉，她们衣着华贵，妆容精致，发音优美，谈吐高雅，眼神和表情都有一种恰到好处的低调和得体。当我试着让自己也这么做时，我对着镜子，却感觉自己仍然只是一个下层的平民。问题出在哪儿呢？我继续观察，渐渐地，我发现真正让她们区别于普通人的魅力在于各种细微的仪态，在这些贵妇人的举手投足间，处处都能够感觉到高贵的气质和风度。

"意识到这一点之后，我开始从头学起，我报了一个礼仪班，请专门的礼仪老师训练我的言行举止，当我能够在吃饭时、走路时、与人交谈时，让自己的每一个动作都显得优美高雅时，我知道我成功了。我终于可以将贵妇人这个角色演得活灵活现了。但是，卡耐基先生，与其说我是在演贵妇，不如说，我只是在演自己。"

的确如此。在和卡瑟琳谈话的过程中，我注意到她的举止，一举一动都是那么优雅得体，这使她看起来气质高贵，很有魅力。我几乎都没有仔细去观察她的五官是否美丽，因为，当一个女人展现出来的每一个细微举动都很优美时，这种由内而外散发出来的魅力会让你觉得容貌所产生的魅力是很次要的事。我的意思是，当你面对一个气质动人、举止优雅的女性，不管她的长相是否漂亮，你都会自然地觉得她很美、很有魅力。相反，如果一位漂亮的女人举止粗鲁，完全不注重仪态，那也很难让人产生好感。

我记得那是我在新得克萨斯州举办培训班时的事。当时，有一位女性向我求助，问我如何才能顺利找到一份秘书的工作。我记得很清楚，那天她来找我时，我正坐在办公室里，她连门都忘了敲，就那么闯了进来，吓了我一大跳。没等我开口邀请，她随手拖过来一把椅子，就在我对面坐下了。

我看着她粗犷的动作，简直怀疑她是一位野外运动爱好者，否则，以她高挑修长的身材、姣好的容貌，怎么会有反差如此大的举止？

"卡耐基先生，我受过专业的秘书培训，可是我找了很多家公司，为什么没有一家公司愿意雇用我呢？"我注意到，这位女士说话时，一条腿不停地抖动，身体随意倚靠在椅背上，双手显出无处摆放的样子，她的双眼并没有看着我，而且，在说完这句话后，她竟然用手指掏了一下耳朵。

我立刻明白为什么没人肯雇她了。她的举止随意而粗鲁，这让她浑身散发出一股不安定的气息，让和她相处或对话的人心生烦躁和厌恶。我决定用一种特别的方式让她意识到自己的问题。于是我把双脚放到了办公桌上，一只脚还晃来晃去，我甚至还做出了惹人厌的挖鼻孔的动作。果然，这位女士立刻表达了她的不满："卡耐基先生，您在做什么呢？您这么有身份的人，怎么可以这样……"

我把脚放下来，恢复了往日的仪态，然后对她说："假如我以这样的举止去面试，女士，您觉得有人会愿意雇我吗？"听到我这么说，这位女士陷入了沉思。"您说得对，我居然没有意识到举止会带来这么大的影响，但是，我一直都是这样生活过来的，都成习惯了，我该怎么改变自己呢？"我告诉她："这样的话，很多细节上的毛病你自己可能留意不到，不如去参加一个礼仪班，从一举一动开始重新训练。"她最后说："我明白了，谢谢您，我会去学礼仪，从自己的言行举止开始改变。"

任何一个微不足道的动作都会对你的气质产生影响。各位女士，在平时，你们有没有留意自己的一举一动，留心修饰自己的每一个动作呢？如果没有，那么，请从现在开始吧。

举个例子，同样是坐着或者站立，有人显得平淡无神，而有人就传递出一种优美的感觉，让人看着舒服。正确的坐姿应是紧缩小腹，放松肌肉，让它在全然轻盈的状态之中呈现出最好的效果。正确的站姿则是：胸部扩张，背脊伸直，下巴收缩，收小腰，双腿内侧用力，脚后跟并拢，膝盖伸直，肩膀自然下垂，无须用力。这样，看上去才会显得优雅。

现在你们明白了，女士们，优雅的举止会让你魅力四射，与其学习浓妆艳抹的方法，追求华贵的衣饰，不如用这些时间和金钱去学一学礼仪。因为举止是气质和教养在细节上的一种表现，在日常生活中，它会自然而然地展现出来，让人产生好感。一个举止优雅的女人，不可能没有气质和教养，因而也就不可能是粗鄙的、令人厌恶的；相信我，做一个举止优雅的女人，一定会让你拥有非凡的品位和气质，魅力无限。

自信,让女性乐观向上

 **卡耐基写给女人的话**

除了你自己,没有人可以减轻你的自卑意识。我还没有看到过其他毛病有比这个更简单的处方——忘掉你自己。当你觉得羞怯,觉得别人似乎都在看你时,你只须立刻把你的心思转移到其他事情上去。不要管别人对你或你的表达有什么想法;忘掉你自己,只管向前。

一位心理学者曾在一所著名的大学挑选了一些运动员做实验。他要这些运动员做一些别人无法做到的运动,还告诉他们,由于他们是国内最好的运动员,因此他们能够做到。

这些运动员被分为两组,第一组到达体育馆后,虽然尽力去做,但还是做不到。第二组到达体育馆后,研究人员告诉他们,第一组已经失败了,并对他们说:"你们这一组与前一组不同,我们研制了一种新药,会使你们达到超人的水准。"

结果,第二组运动员吃了药丸后,果然完成了那些困难练习。事后,研究人员才告诉他们,刚才给他们吃的药丸其实没有任何药物成分。

这个实验说明了一个简单得令人惊讶的道理：如果你相信自己能做到，你就一定能做到。第二组运动员之所以能完成这些困难的练习，是因为他们相信自己一定能够做到。这就是积极的心理暗示所产生的效果，它让人充满自信。而消极的心理暗示，就像是巨大的心灵黑洞，会使人们失去对自己充分的信心，对生活失去希望。

有一个老太太，她的两个孩子都在战争中阵亡了，她写信对我说："我的青春已消逝，希望已破灭，心情如此沉重，可是我没有忽视信心。"

既然她都提到了信心，我还能说什么呢？我只能在回信里说："虽然战争带走了您的儿子，可是留给您的是对未来的信心，这是最好的礼物。如果这一点是对的，那么您所得到的赏赐不止于此，我此话的真实性就更大了。"

我相信信心的力量，我希望每一位女士都对自己充满信心，把自己当成宝石来对待，因为自信是医治颓废和绝望的最好良药；自信还可以提升你对自己的认识，让你乐观向上，在任何境遇下都可以活出精彩和美丽。

但我也知道，很多女性都有自卑的一面，甚至这些自卑在大多数时候会遮盖掉自信，让她们不敢去尝试，不敢冒险，害怕承受不好的结果；也让她们一遇到困难就立刻陷入悲观绝望的深渊，再也不肯相信自己还拥有走出失败的能力。

而且，女士们还需要了解一点：自卑还会表现在形体上、外表上，以及面容上。我不知道各位有没有遇见过这样的人：她喜欢低着头，她的眼神很少与人接触，她在面对人群时局促不安，她的神色紧张，总在留意别人的评价和眼色，她说话的声音很小，不敢大声发表意见，她很少笑，很容易说出沮丧的话……这些都是自卑的女性的典型特征。可想而知，这样的女性很难说会有什么魅力，她们活在别人的眼光中，毫无神采，在人群中是很容易被忽视的存在。

对此，我只能说，除了你自己，没有人可以减轻你的自卑意识。我还没有看到过其他毛病有比这个更简单的处方——忘掉你自己。当你觉得羞怯，别人似乎都在看你时，你只须立刻把你的心思转移到其他事情上去。不要管别人对你或你的表达有什么想法，忘掉你自己，只管向前。

我们如何获得信心呢？其实不必费劲去求取，其实它早就存在于我们的体内。信心同头、心、手一样，是与生俱来的。只是我们有时候陷于一种复杂混乱的心理状态，把运用信心认为是一种冒险，所以不敢尝试而已。

据说，在美国佛罗里达州有一所专门培养企业领导人的学校。这所学校有一项很特别的课程，就是每天出操、上课时，学生都要大声地连续呼喊："我能行！我能行！"这所学校的创办人认为：一个成功的人，一定要有"我能行"这样一种强烈的成功意识和自信心。

一个人除去了畏惧，建立了自信之后，他的视野就宽了，领域就广了。成功的道路总是充满艰辛，而成功者在走向成功的道路上，内心也往往充满矛盾和斗争。高呼"我能行"，其实就是要强化心中那个积极的、理想的自我形象，战胜和排除消极的自我形象的干扰，用自信来融化存在于心中某一角落的冰块。

关于自信的问题，我在多次演说中提到过，我认为，只要做到以下 8 个诀窍，女士，你就可以获得很好的成效。现在就让我们看看这些诀窍，相信你也会从中确立对自己的信心，并开始萌生一股新的力量：

1. 在心中描绘一幅希望自己达成的成功蓝图，然后不断地强化这种印象，使它不致随着岁月流逝而消退模糊。此外，相当重要的一点是，切莫设想失败，亦不可怀疑此蓝图实现的可能性。因为怀疑将会对实现构成危险性的障碍。

2. 当你心中出现怀疑本身力量的消极想法时，要驱逐这种想法，必须设法发掘积极的想法，并将它具体说出。

3. 为避免在你的成功过程中构筑障碍物，可能形成障碍的事物最好不予理会，最好忽略它的存在。至于难以忽略的障碍，就下番功夫好好研究，寻求适当的处理良策，以避免其继续存在。不过，最好彻底看清困难的实际情况，切勿夸张其程度，使其看来愈加显得困难。

4. 不要受他人的威信影响而试图仿效他人。须知唯有自己方能真正拥有自己，任何人都不可能成为另一个自己。

5. 每天重复说10次这段强而有力的话："谁也无法阻挡我成功。"

6. 寻找对你了如指掌且能有效提供忠告的朋友。你必须了解自己自卑感或不安感的所在。虽然这一问题往往在少年时期便已发生，但了解它的来源将使你对自己有所认知，并帮助你获得援救。

7. 每天大声复诵这句话10次："虔诚的信仰给了我无穷的力量，凡事都能做。"这句话对于治疗自卑感而言可称得上是最有效的良方。

8. 正确评估自己的实力，然后多加一成，作为本身能力的弹性范围。

历代的宗教家总是训斥挣扎的人们，总是直接要求人们去做什么，但是他们一直没有告诉我们该怎么拥有信心。

给自己心理暗示，告诉自己要信心十足。信心是一剂万灵丹，女士们，不妨将我的心得谨记在心，自信，乐观，向上，活出知性，活出优雅；要记得无视别人的评价，活出你的骄傲；要记得放下自卑，活出一场"漂亮"的人生！

美好的心灵是女人最好的美容品

卡耐基写给女人的话

如果我们希望自己的外表更美的话,必须首先美化自己的心灵,因为内心的每一个思想、每一个动机都会清晰而微妙地反映在我们的脸上,决定着它的丑陋或美丽。内心的不和谐将歪曲世上最美的容颜,使其黯然失色。

女士们,我知道你们当中的许多人很会打扮自己。你们精通化妆的技术,通晓服饰搭配的艺术,研究保养皮肤和保持身材的方法……但你们是否知晓这样一个道理:如果我们希望自己的外表更美的话,必须首先美化自己的心灵,因为内心的每一个思想、每一个动机都会清晰而微妙地反映在我们的脸上,决定着它的丑陋或美丽。内心的不和谐将歪曲世上最美的容颜,使其黯然失色。

莎士比亚说过:"上帝给了你一张面孔,而你自己却另造了一张。"女士们,你们是否知道,我们的心灵可以随意地制造美丽或丑陋。

对最高形式的美来说,温柔的、高贵的性情无疑是最不可缺的,它可以令最平凡的面孔焕发光彩。相反,暴戾的性情、恶劣的脾气和嫉妒的心理会毁坏世界上最美丽的容颜，使得它丑陋无比。毕竟，没有什么东西能够与优雅可爱的个性产生的美相媲美。无论是化妆、按摩还是药品，都无法改变和遮掩由错误的思维习惯所导致的偏见、自私、嫉妒、焦虑以及精神上的摇摆不定反映在脸上的痕迹。

我见过一些这样的女人，她们挣扎在生活的艰辛里，几乎都忘了如何美化自己的心灵。她们会为了极其微小的利益而与人争吵，当她们暴露出恶劣的一面，或者自私地指责他人时，原本很清秀美丽的面容会扭曲变形，双眼迸射出恶狠狠的光芒，她们的嘴向两边张开，龇着牙，上帝啊，我但愿从未见过她们的模样，但愿这辈子再也不会见到这样的表情。

而你们一定也见过另外一些女人，她们或者事业有所成就，或者嫁给了非常成功的人，她们当中也有长得非常漂亮的人，但是她们的通病是：唠叨、抱怨、嫉妒、歇斯底里、愤怒……老天，想象一下，当这些情绪和表情堆积在一张美丽的面孔上，那一定是一种难以想象的对美的毁灭。

美产生于内在的心灵。我敢说，如果所有的女性都能够培养出优雅、平和、宽容的精神状态，那么不仅她所表达的思想观点具备艺术美，她的面容也同样会是美丽的。因为内在的美会使外在的美愈加耀眼生辉、光彩逼人。她整个人都会焕发出迷人的魅力，这种精神上的美甚至要胜过单纯的形体美。

我们都曾经看到，即便是容貌极其普通的女士，由于其迷人的个性魅力，照样给我们留下了非同凡响的美丽印象。通过外表展示的美好的心灵反过来又影响着我们对形体的看法，在我们眼里，它仿佛也变得婀娜多姿了。

安托尼·贝利尔说得非常对："在这世界上没有丑陋的女人，只有不知道怎样使自己显得美丽的女人。"

正是那种热诚慷慨的随时准备帮助他人的心态，以及在任何地方撒播阳光和欢乐的美好心愿，构成了所有真正的个性美的基础，并使得一位女性永远神采焕发、美丽动人。渴望使自己变得更加美丽并付出相应的努力，生活就会变得多姿多彩。而且，既然外表只是内在的一种反映，是思维的习惯和通常的心态在身体上的展现，那么我们的面孔、我们待人接物的态度、我们的一举一动就必须和我们的精神世界相吻合，并变得更加温柔和富于魅力。如果你的脑海中时时拥有美好的思想和善良的愿望，那么无论你到任何一个角落，你都会给人留下优美和谐的印象，没有人会注意到你的长相是多么普通或是你的身体有什么缺陷。

我们都仰慕绝代风华的面庞和绰约丰盈的身姿，但是，我们更热爱在崇高的心灵映衬之下的面容。我们之所以爱它，是因为它预示着我们有可能成为完美的人，它代表着造物主所追求的最高理想。

激起我们的爱和仰慕的并不是最亲密的朋友的外表，而是他在我们的心灵深处唤起的对友情的追忆和向往。最崇高的美并不是一种实际的存在，它是一种理想，一种隐约可见的追求，一种体现在某个具体人物或具体事物上的美好品性，它给我们带来了欢乐和喜悦。

每个人都应该尽可能地使自己变得更加美丽，更加动人，更加成为完整意义上的人。而要做到这一点，最重要的是关注你的心灵，而并非买更多的美容品、研究更多的护肤方法。你必须摒弃内心的自私、恶劣、嫉妒、仇恨、愤怒、焦虑、抱怨，你必须随时清理内心的垃圾和毒素，让美由内而外，自然散发。女士，请理解这一点：这种对最高层次的美的追求绝非没有意义，相反，它会让你美丽终生。任何做到了这一点的女性，即使她老了，失去了青春和容貌，即使是一个满脸皱纹的老女人，也照样可以充满魅力、焕发光彩。

恰当着装,保持一颗爱美的心

 **卡耐基写给女人的话**

要知道,别人对你的第一印象,往往是从服饰和仪表上得来的。毕竟,要对方了解你的内在美,需要长久的过程,只有服饰和仪表能一目了然。

美国心理学者雷诺·毕克曼做了以下有趣的实验:

他在纽约机场和中央火车站的电话亭里,在任何人都可以看到的地方放了10分钱,等到有人进入电话亭,约两分钟后派人敲门说:"对不起,我在这里放了10分钱,不知道你有没有看到?"结果退还硬币的比率,询问者服装整齐时占77%,而询问者服装较寒酸时则占38%。

进入电话亭里的人在被服装整齐的人询问时,可能会察觉服装整齐的人跟自己说了很重要的话;而面对服装寒酸的人,因为在不想接触的念头下,不想去理会对方的问题,所以根本没有听清楚他说的话,就开口回答"不",企图赶走对方。

可见,衣着对一个人的形象影响非常大,大多数人对另一个人的认识可以说是从其衣着开始的。除了面孔和姿势之外,衣着甚至在人开口之前就传递了信号。我们穿着的服饰好比动物的皮毛，均是身体的延伸。服饰正如我们的身体，代表着我们向世人传达的信息。服饰本身就是一种无声的语言，不但能给对方留下一定的美感，而且它还能反映出你个人的气质、性格、内心世界。

女士，要知道，别人对你的第一印象往往是从服饰和仪表上得来的。毕竟，要对方了解你的内在美，需要长久的过程，只有服饰和仪表能一目了然。所以，在恰当的时间和地点，让自己恰当着装，对每一位女士而言，都是一个重要的课题。

什么叫恰当着装？我的意思是说，在选择服饰之前，你需要先弄明白几件事：你是在什么场合穿着它们？你想留给人什么样的印象？你想借此达到什么样的目的？比方说，如果你参加一场晚宴，而那场晚宴上恰好有一位对你的职业生涯很有影响的人物出席，而你非常希望给对方留下知性又很能干的印象，那么，你就不能选择太过性感的晚礼服，颜色搭配和配饰的选择上也需要用心，体现出你的高雅气质和知性素养。

当然，我必须重点提出的一点是：假如你并不具备这一面，比如知性、优雅的一面，那么，我劝你最好不要试图用服饰来塑造这种形象，这样只会适得其反。最恰当的着装应该是把服饰当作你自己的一种延伸，服饰是建立在你内在气质的基础之上，用来凸显或增进你的魅力和气质的。良好的衣着犹如一支美丽的乐曲，它能够给你自身提供自信，也能给别人带来审美的愉悦；它既符合自己的心意，又能左右他人的感觉，使你办起事来信心十足，一路绿灯。

不妨来看看下面这位成功人士是如何利用服饰来获取机会的：

美国商人希尔在创业之始，就意识到服饰对人际交往与成功办事的作用。他清楚地认识到，在商业社会中，一般人是根据一个人的服饰来判断对方的实力的。因此，他首先去拜访了裁缝。靠着往日的信用，希尔定做了3

套昂贵的西服，共花了275美元，而当时他的口袋里仅有不到1美元的零钱。然后他又买了一整套最好的衬衫、衣领、领带、吊带等，而这时他的债务已经达到675美元。

每天早上，他都会身穿一套全新的衣服，在同一个时间里，在同一条街道上同某位富裕的出版商"邂逅"相遇，希尔每天都和他打招呼，并偶尔聊上一两分钟。这种例行性会面大约进行了一星期之后，出版商开始主动与希尔搭话，并说："你看起来混得相当不错。"

接着出版商便想知道希尔从事哪种行业。因为希尔身上所表现出来的这种极有成就的气质，再加上每天一套不同的新衣服，已引起了出版商极大的好奇心，这正是希尔盼望发生的情况。

希尔于是很轻松地告诉出版商："我正在筹备一份新杂志，打算在近期内争取出版，杂志的名称为《希尔的黄金定律》。"

出版商说："我是从事杂志印刷及发行的，也许，我也可以帮你的忙。"

这正是希尔所等候的那一刻，而当他购买这些新衣服时，他心中已想到这一刻以及他们所站立的这块土地，几乎分毫不差。

这位出版商邀请希尔到他的俱乐部，和他共进午餐，在咖啡和香烟尚未送上桌前已"说服了"希尔答应和他签合约，由他负责印刷及发行希尔的杂志。希尔甚至"答应"允许他提供资金并不收取任何利息。

发行《希尔的黄金定律》这本杂志所需要的资金至少在3万美元，而其中的每一分钱都是从漂亮衣服所创造的"幌子"上筹集来的。

希尔知道：成功的外表总能吸引人们的注意力，尤其是成功的神情更能吸引人们"赞许性的注意力"。当然，这些衣服里也包含着个人能力，它们是自信心和创造力的完美体现。

这段经历给我们的启示是：女士们，在选择着装时，一定要分清楚适合自己的服装和不适合自己的服装，要保证这些服装适合你，能为你加分，凸显你的特点；同时，身为女性，不妨永远保持一颗爱美的心，即使并无目的，也可以打扮得很美丽，取悦他人，也取悦自己，何乐而不为呢？

我记得某个哲学家说过一句精妙的话："让我看看一个女人一生所穿的所有衣服，我就能写出一部关于她的传记。"美好的服饰对一个女人来说，尤其是对一个爱美的女人来说，尤为重要，它会让你对自己充满信心，让你保持年轻，永远对接下来的生活充满期待和美好的想象。

西德尼·史密斯说："教育一个女孩说漂亮无关紧要，衣装一无是处，这真是荒谬透顶！漂亮非常重要。她一生中所有的希望和幸福或许就依赖于一件新裙子或是一顶合适的女帽。如果她稍有点常识，她就会明白这一点。应该教她知道衣装的价值所在。"人的确不是由衣装造就的，但衣装给我们的生活带来的影响远远出乎我们的意料。普林提斯·穆尔福德说，衣装能影响人类的精神面貌。这并非言过其实，只要想想衣装对你自己的影响程度有多大就够了。

假设让一个女人穿着一件破旧肮脏的晨衣，那么它就会影响到她，使她对自己的头发是肮脏还是扭结都漠不关心。她的脸和手干净与否、穿的鞋子多么破烂，都无关紧要，因为在她看来，"穿着这件旧晨衣没有什么不好"。她的步态、风度、情感倾向都将潜移默化地受到这件旧晨衣的影响。如果她能改变一下——换上一件漂亮的棉裙，那么她的模样和举止将会多么不同，她的头发一定会梳理得宜，会与她的穿着相得益彰。她的脸庞、手和指甲一定会干干净净。破旧肮脏的鞋也会换成了合脚的便鞋。她的思想也会焕然一新。她会更加尊敬衣冠整洁的人士，会远离穿着邋遢的人。"你想改变你的意识，改变你的面容，改变你的生活吗？那么就改变你的穿着吧，你马上就会感觉到效果。"

和书籍做闺蜜，多学知识多幸福

卡耐基写给女人的话
　　与书籍做闺蜜，可以陶冶性情，增长知识和智慧，让一个女人的情感更细腻，举止更优雅，气质更知性，更有素养，更具品位。

每个女人，或多或少都有闺蜜，或者三五人，或者一二人。各位女士，我知道在日常生活中，你们通常都喜欢与闺蜜密切相处，你们会成群结队去教堂，会相约去逛街，会在家中举办茶会，当你有什么心事时，也喜欢找闺蜜倾诉，你们一起交流梦想，交流各自对丈夫、家庭和孩子的看法和心得，你们彼此鼓励、彼此支持，一起渡过眼下的难关，畅想未来……如果没有闺蜜，女士们的生活该少了多少乐趣，这一点我十分了解。

我的妻子就是如此。对她来说，和丈夫、孩子相处的时光当然很重要，但当她与闺蜜们在一起时，我能明显感觉到不同，那是只属于她自己的私人时光，是远离爱情和家庭的责任、义务之后最轻松的时光。所以，我非常乐意看到她与她的闺蜜们出门，去做一件我不知道的事情，没错，她们喜欢保持神秘，有时，她故作神秘地不肯告诉我，我不知道她们几个女人要出门去做什么，但从她回来时神采奕奕的面容和灿烂的笑容里，我想我得到了答案：那一定是一件快乐的事情，是一个只能和闺蜜分享的、只属于女人的小秘密。

如果说丈夫、孩子和事业会让女人感到幸福和完整，实现自我的价值，获取成就感，那么，闺蜜的存在就是女人的生活和心理上很重要的快乐和满足的来源。我很愿意建议女士们找到几个知己的闺蜜，和她们好好相处。但今天，我想再提出另一个建议，那就是：和书籍做闺蜜。

我想再一次用我的妻子为例，来说明这个建议的合理性和重要性。除了与我、与孩子们度过温暖的家庭时光，与几位闺蜜度过快乐的"女性时光"之外，她还很善于独处。每一天，她都会为自己留出一点时间，独自在书房里待一会儿，与书籍做伴。尤其是当她生气或者烦恼的时候，比起找闺蜜倾诉，她会更愿意去书房，静静地坐一会儿，然后看几页书，她知道，这样会让她的怒火平息下来，会让她的烦恼逐渐消失。

独处的时光，阅读的时光，很明显让我的妻子变得更加从容，性情更加平和，甚至让她的面容变得更加美丽。为什么会有这样的效果呢？我想是因为对一个女人来讲，比起外表的打理，心灵的滋润更加重要。当一位女士沉浸在阅读的世界里时，我认为这是她在为自己的心灵寻找养料。女人读书能树立起自信，从而有一份自得的悠然。因为书是物化了的精灵，是升华了的财富。与书籍做闺蜜，可以陶冶性情，增长知识和智慧，让一个女人的情感更细腻，举止更优雅，气质更知性，更有素养，更具品位。

一本经典书籍就是一个好老师，多读好书，汲取丰富的精神营养，提高自己的文化素养，对于女性的性格是一种很好的陶冶。教养教养，人们总是把"教"和"养"联系在一起。只有深入的"教"，才有高度的"养"。"教"的方法很多，父母师长教，学校社会教，更重要的是自己教自己。多读书，多学习，就是一种自我教育。一个有教养的女人，肯定是爱看书的女人。

一个不喜欢看书的女人，我不相信她能充满智慧。没有智慧意味着什么呢，女士？意味着你不懂得自省，不懂得如何迎接生活中的痛苦或快乐，不明白如何获得精神和思想上的丰富。要知道，女士，你心灵中的一切，都会在你的外表上有所表现，你是一个怎样的女人，你给人留下什么印象，这一切都取决于你的素养、你的气质、你的所思所想、你心灵的丰富程度。

我以前认识的一位女性，我不知道她现在生活得如何，几年前，她曾经来找过我，寻求我的帮助。她是一位漂亮的中年女人，打扮得很美，却稍稍有些俗艳，说实话，我当时见到她时，就觉得那身华丽的衣裳和她的气质并不相配。后来，当她向我倾诉她的苦恼时，我终于明白她的着装和品位为什么不那么上等了。

她的丈夫是一家大公司的经理，他不仅事业有成，而且兴趣很高雅，文化品位也很好，喜欢高尔夫和桌球运动，爱好音乐、美术和文学，而她没有受过高等教育，结婚后一直忙着生孩子、养孩子，完全没有时间和精力去培养任何一个爱好，况且，她告诉我，她也实在不喜欢看书、听音乐，或者去看一本画册，她没兴趣，根本看不进去。她其实更喜欢打桥牌，喜欢看爱情电影，喜欢去逛街。

"怎么办呢？我觉得我和丈夫越来越没有共同话题，我觉得他已经厌烦我了。"她满脸愁容地说，"为了吸引他的注意力，我把自己打扮得越来越漂亮，可是他和我相处的时间越来越少了。"

我不忍心指出她所谓的"漂亮"，假如没有品位和气质相配，就仅仅只是俗气的华丽而已。我告诉她，对女人来说，内在的修养、知识、智慧才能够真正为她的美丽加分。假如她愿意试着沉下心来，好好看完一本书，从书本中汲取心灵的养分，慢慢地，她一定能够有所改变。

她或许并没有按照我说的去做，或许去做了，无论如何，我只想告诉你们，各位女士，获得美丽，为美丽加分的选项有很多种，但阅读是其中最不昂贵、无须求助他人的一种。想要获得发自内心的淡定、从容，想要得到由内而外的修养和品位，想要让自己优雅、美丽，想生活得幸福美好，那就需要学会和自己相处，和书籍相处，当然，你也可以为培养一切美好、有底蕴的、陶冶心灵的爱好。总之，女人要从心灵着手，才能获取最完美的美丽和幸福。

第六章
放下坏情绪,做美丽女人

坏心情、坏情绪，会在女人的容貌上留下印痕，会让女人变得抑郁、焦虑、暴躁，像一颗随时会爆炸的炸弹，令人敬而远之；相反，好心情、好情绪，会让女人容光焕发、神采飞扬，会让她活得乐观、自信、淡定。做女人，懂得放下坏情绪，才能收获美丽和美好的生活。

积极的心理暗示可以帮你赶走坏情绪

卡耐基写给女人的话

当有一大一小两个橘子要分时,你得到的是那个小的,这时你真心地说出"尽管它小,但它比大的甜",这说明你的心态是积极的。

女士,你一定有过心情不好、情绪糟糕的时候,有时是因为人生中的一些重大变故,有时则可能只是为了一些日常的小事而生气郁闷,但你是否曾注意到,有些人即使在处理一些伤脑筋的问题时,也不像其他人那样整天愁眉苦脸,而是比较乐观?这些快乐的人不一定个个是幸运儿,相反,他们之中的大部分人都曾遭受过一连串厄运的打击,而且他们通常并不富有。失恋的沮丧、失业的苦恼、负债的压力、上司的白眼、辛勤工作却得不到应有的报酬……种种无奈能将一个人击倒——但他们为何仍是一副乐天派的模样呢?为何仍能保持良好的情绪呢?他们是如何办到的?

问题的关键就在于他们掌握了积极的心理暗示法,他们对自己说积极的语言,常怀着满足、乐观的心,照亮了自己的世界,赶走了糟糕的情绪,也缓冲了挫折的打击。他们懂得看到世界和人生好的一面、积极的一面,懂得在遭受厄运时及时将自己从沮丧和愁苦的深渊里拯救出来，换一个角度去看待问题，并在恰当的时机给予自己积极的心理暗示。

比如，遭遇挫败时，他们不会一味地陷在消极抑郁的情绪里，而是告诉自己：难道这次挫败不是天赐的财富吗？正因为我失败了，我才意识到自己的问题在哪里；正因为失败了，我才有时间停下来反思自己，并为自己充电，重新考虑解决问题的办法，重新规划自己的未来；正因为失败了，我才不至于在错误的道路上走得太远，而我的损失也因此降到了最低——我真的应该感谢这次挫败啊！

假如我们每一个人都像这样，永远积极地去看待问题，永远对自己说积极的话，永远保持积极的心态，那么，任何厄运都不会扰乱我们，任何坏情绪都会很快烟消云散，变得不值一提。

积极的心态和心理是什么呢？请让我对此做一个形象的说明：当有一大一小两个橘子要分时，你得到的是那个小的，这时你真心地说出"尽管它小，但它比大的甜"，这说明你的心态是积极的。坏情绪的根源在哪里？女士，难道不是因为你总想要那个更"大"的橘子吗？你想要大橘子却没有得到，所以你手中拿着那个小橘子，愤怒失望、消极沮丧。事实却是，你手中的小橘子比大橘子更甜。你所有的愤怒失望，消极沮丧，这一切坏情绪都来自你丝毫不肯放松的执着和贪欲。换一条路走，换一种角度看待得失，不是很好吗？

很多人都说，女人是情绪化的动物。我相信听到这句话的女士多少都会有些愤然，认为这种说法是对女性的歧视。但是，比起男性，女性的感受力更强，情感更细腻，情绪更多变，因此更容易陷入某种情绪当中无法自拔，这是不争的事实。身为女人，更要学会掌控自己的情绪，当然，这里主要是指掌控坏的情绪、负面的情绪。

女人不应该做情绪的奴隶，一切行动皆受制于自己的情绪，你应该反过来控制自己的情绪。无论你周围的境况怎样不利，也当努力去支配你的环境，把自己从黑暗的情绪中拯救出来。当一个人有勇气从黑暗中抬起头来，面向光明大道走去，后面便不会有阴影了。

假设有一天你因为凡事都不顺心而心烦意乱，觉得很不快乐，建议你不妨与烦心的事来一次竞赛，有意识地堆积满意的心情，直到发现满足胜过你原有的不满意，如此你一定就不会觉得那么难过了。

又假设你和一位好友吵架，又因交通阻塞以致在一个重要的业务会议上迟到。开完会后，公司发表命令今年不加薪。上班时牙痛不得不请假去看牙医，好不容易回到家又看到邮箱里塞满了账单——这是多么令人不高兴的一天啊！此时最好的方法就是：计划一个充满乐趣的傍晚。你可以拨电话和一些知心朋友聊天，打打球，到一间优雅的餐厅好好享受一顿晚餐；吃完饭后再去看场电影，放松放松身心。这样，你白天积压的不满意就会被晚间的满意所取代，会显得快乐一些。

也许有人认为这个方法实在是太简单了，不会有什么效力，不过多次的试验证明，这个方法还蛮管用的。尽管它无法解决你所有的问题，但至少可以稳定情绪，使你能心平气和地处理问题。

为什么我们需要稳定、积极、美好、乐观、愉悦的情绪呢？因为乐观、愉快、喜悦都能使大脑皮层处于中等兴奋状态。这是一种最佳情绪和最佳心理状态。在这种最佳情绪和最佳心理状态下，大脑皮层对身体内外的刺激产生最佳反应，并发出最佳指令，从而使身体各部分得到最佳调节，使生命活力和抵抗力得到最佳表现，从而最有利于心身，并能战胜各种疾病的侵袭；同时，它能使人的才能、智力、体力和创造力得到最佳发挥，所以又最有利于获得事业的成功和取得最佳的成就。

女士，在忧郁沮丧，被坏情绪围绕的时候，要试着尽量改换自己的环境。对于使自己痛苦的问题，不要过多思考，不要让它再占据你的心灵，而要尽力想着最快乐的事情。对待他人，也要表现出最仁慈、最亲热的态度，说出最和善、最快乐的话，要努力以快乐的情绪去感染你周围的人。这样做以后，情绪上黑暗的影子必将离你而去，而那快乐的阳光将映照你的一生。

从改善最坏的情况开始

**卡耐基写给女人的话**

如果我们将忧虑的时间用来寻找解决问题的答案,那忧虑就会在我们智慧的光芒下消失。

我在全美许多地方开设培训班,给学员上课,每当有人问我如何应对情绪问题以及内心的忧虑时,我都会说,如果你有担忧的问题,就做下面3件事情:

1. 问你自己,可能发生的最坏的情况是什么。
2. 如果你必须接受的话,就准备接受它。
3. 然后镇定地想办法改善最坏的情况。

女士们,你们知道忧虑从何而来吗?对现状和未来的过分担忧,不肯接受现状,内心对现实的反感、抗拒和否认,想要一口气解决问题的迫切而不切实际的愿望,对未知状况的恐惧——这些都会引起你的焦躁情绪和无休止的忧虑。所以,我所教你的克服内心忧虑的秘诀是:学会祈祷,想象并接受最坏的状况,然后想办法改善最坏的情况。

首先是想象并接受最坏的结果,这能让你安静下来,心平气和地去面对问题。别误会，我并不是在教你认命，而是希望你能在想象到最坏的状况时，产生一种"没什么大不了"的豁达心态。要知道，你现在面临的还不是最坏的情况，既然你已经很清楚，最坏的结果降临了也不过如此，那你现在还有什么理由陷入忧虑的情绪之中呢？

举例来说，你和恋人感情出现了危机，工作上又出了很大的纰漏，正好这时，你的父母得了重病，你觉得生活真是糟透了，你一面担心会失恋，一面又忙着弥补工作上的问题，担忧为此丢掉工作，担心父母离你而去，你很可能每天早上起床就满面愁云，被忧虑和痛苦折磨得胃痛不已，又因为来回奔波于公司和医院，导致身心疲累，上班时完全集中不了精力……

听起来问题很大吧，这个时候，如果你能够给自己一段安静平和的时间，好好设想一番最坏的情况，或许会好受许多。想一想，最坏的情况是什么？失恋，父母去世，被公司解雇。没错，就是这样。失恋的结果无非是让你感到痛苦，最坏的结果，你的恋人对你恶语相向，你们从此交恶；父母去世会造成什么样的后果？虽然会很悲伤痛苦，但你早已成年，独立生活，至少在经济状况和生活上影响不大；被公司解雇，你可能失业一阵子，但你还年轻，也有能力，再找一份新工作不成问题。既然如此，你还担忧什么呢？

有时候，事情看起来很糟糕，只是因为你觉得糟糕，事实上，如果你尽情去想象更糟糕的状况，就会发现自己还没走到最坏的境地。人生最坏的结果是什么？无非是死亡，而死亡说到底也并不可怕，因为每个人都会经历。当我们遭遇困境时，一定要意识到一个重要的事实：此时此刻，我们还不必绝望。至少此时此刻，你还没有失恋，父母还好好活着，你也没有犯错误而失业，不是吗？

当你接受了最坏的结果后，就得开始想办法改善最坏的情况。请记住，不要想着一下子解决掉所有问题。我相信，你和我都不可能做到，即使是那些最伟大、最有能力的人，也不可能做到。如果你总想着一步到位，当你做不到时又对自己产生怀疑，对眼前的烂摊子感到忧心焦虑，那样你就走进了坏情绪的恶性循环。着手解决问题时，请仅仅从改善最坏的情况开始。

拿上面这个例子来讲，最坏的现状是什么？是失业的危险。你必须想办法保住工作，这样你才能稳住自己生活的根基。只有生活的根基稳定了，你才有更多时间和精力应对恋人、看顾父母，万一你的生活出了状况，你也有经济能力面对和解决更坏的状况。所以，你现在应该做什么？不是焦躁、着急，希望尽快解决所有问题，而是冷静下来，每天努力工作，一步步弥补纰漏和错误，挽回你的信誉。只要你每天坚持，把每一件小事做对，看起来糟糕透顶的日子一定会逐渐出现转机。

女士们，你们发现了吗？很多时候，并不是我们不具备应对困境和解决问题的能力，而是我们让过多情绪上的忧虑、恐惧、沮丧遮蔽了智慧，阻碍了行动，以至于我们总是在困难面前止步，而且看上去总是一脸愚蠢的忧虑，毫无办法可施。事实上，只要愿意排除坏情绪的影响，或者，只要你愿意无视这一切，自然就会有路可走，自然就能摆脱绝望的处境。

请记住并熟练运用开篇的 3 个步骤：想象最坏的情况，接受最坏的情况，改善最坏的情况，如果你把注意力完全放在这 3 个步骤上，那么，女士，你一定可以避免负面情绪对你的伤害和阻碍，避免专注于情绪，而是让自己专注于解决问题。

假装快乐，化解负面情绪

 **卡耐基写给女人的话**

你不能只坐在那里，等待好心情出现；反之，你应该站起来，开始学习快乐的人的动作和谈吐。

一位打字小姐发现，假装工作很有意思，会使自己得到很多报偿。她叫维莉·哥顿，家住伊利诺伊州爱姆霍斯特城。她在给我的信上讲述了下面的故事：

"我们办公室一共有4位打字员，经常因工作量太大而加班加点。有一天，一个副经理坚持要我把一封长信重打一遍，我告诉他只要改一改就行，不需要全部重打。可他竟然说，如果我不重来他就另外雇人了，我气得要死，为了保住这个职位和薪水，我只好假装喜欢重新打这封信。干着干着，我发现如果我假装喜欢工作，那我真的会喜欢到某种程度，而这时我的工作速度就会加快，心情也会变得很好。这种工作态度使我受到大家的好评，后来一位主管请我去做他的私人秘书，因为他了解我很愿意做一些额外的工作而不抱怨。我发现：心理状态的转变给我带来了奇迹。"

大多数时候，我们的生活不会有大起大落，那些重大的灾难和悲伤痛苦的事情并不会天天发生，但是，无聊、单调、琐碎的事情是所有人每天都需要面对的。女士们，你们应该都曾因为琐事缠身而生气、烦恼过，它们在日常的生活和工作中接踵而至，让你们烦得要命，心情糟糕透顶。

针对这种状况，我希望各位女士听一听汉斯·威辛吉教授的办法：假装快乐。你不能只坐在那里，等待好心情出现；反之，你应该站起来，开始学习快乐的人的动作和谈吐。他说："假装快乐不能在30天中把一个内向的人变成一个开心的外向的人，却是迈向正确方向的第一步。"

哥顿小姐运用的就是汉斯·威辛吉教授的"假装"哲学，他教我们要"假装快乐"。心理学家也曾建议我们有时不妨假装快乐，这样做的人大都能改变心境，也能随之改变命运。实践证明，好心情是可以装出来的，你最初也许会觉那是假装的，只要多练习，假装的感觉自然会消失。

假装绝对不是坏事，但是一定要装得很像。假设您遇到了很不愉快的事情，而您想要假装自己心情很好，想想您该怎样假装呢？至少要面带微笑吧！为了做一个成功的假装者，您必须尽量想一些愉快的事情，为您的微笑补充能量，慢慢地，快乐的事情就会不断地涌出来，最后您会发现自己从心情糟糕变成了假装心情很好，又从假装心情好变成了心情真的很好的状态。

假设你的邻居是一个年轻的女孩，下班回家时她整个人都累坏了。她腰酸背痛，头疼欲裂，心情糟糕透了，没吃晚饭就上床睡了。然后电话铃响，男朋友打来电话邀她去跳舞。女孩眼睛一亮，立刻一跃而起，穿上她最美丽的衣服，一直跳舞到深更半夜才回来。她还觉得累吗？心情不好吗？一点也不，她神采飞扬，兴致高得很，甚至还了无睡意，满脑子都是那些活泼的音乐呢！

难道说，下班时那个女孩的筋疲力尽、情绪低落都是装出来的？不，她的确是累坏了，因为她觉得工作无聊，人生也很无聊。女士，你知道，这样的人满街都是，不见得只是你的邻居而已，说不定就是你自己。

既然知道了什么样的状态会让自己心情糟糕，做什么事情能够让自己心情变好，那就尽量去做那些让你快乐的事。但我们讨论的问题是，当你深陷于工作的无聊和生活的无聊，而恰好这些"无聊"又不能避免时,该怎么办？答案是，通过假装，将"无聊"的事变得"有趣"。

我们在做有趣的事情时，就不会觉得心情不好。如果你是一个劳心的人，真正让你厌烦、让你情绪变坏的主因，不是你做完的工作，而是你还没做的工作。举例而言，你还记得上个工作不尽心的日子吗？总是有人来打断你的工作，信也没回，约会也取消了，到处都是麻烦，成天都不对劲。你一事无成，你下班回家像打了一场仗回来，头快炸了似的，简直忍不住诅咒全世界。

然后，第二天，一切又恢复了。你的工作量是前一天的10倍，而你回家的时候却觉得像凯旋的勇士，快乐而充满成就感。你一定有过这种体验，我也有。

你的兴趣在哪里，你的好心情就在哪里。陪一个唠叨的太太走过10条街远比陪知心识趣的情人走上10英里路要郁闷得多。

女士，当你在"无聊"的工作和生活中郁闷不已时，我建议你参考一下这个速记员的做法。她在一家石油公司任职，一个月有好几天她得做一件最无聊的例行公事：整理各种数据表格。那个工作无聊到她本能地不服，决定非让它显得有趣一点不可。怎么做呢？她每天跟自己比赛。她数过每天早上整理过的表格，决定下午要超越早上的纪录，明天又要超越今天的纪录。如此这般，她的工作成绩比同一部门别的速记员的都好，她这么做得到了什么吗？加薪，升迁，赞美？都没有。但是它的确帮她避免了因无聊引发的倦怠和郁闷，让她的心情常保活力。也因为这种苦中作乐的心态，她的工作和生活都变得更加快乐。

我碰巧知道这个故事是真的，因为我后来娶了那个女孩。

女士，只要你拥有假装好心情的本事，工作和生活的无聊就不会再那么令人难以忍受。你的老板要你对工作感兴趣，他才能多赚钱，但是别管老板怎么想，假装出好心情全是为了你自己；在生活中就更是如此，如果你放任自己抱怨生活的无聊，那你的日子很可能会过得越来越糟糕。想想看，就算当下的工作和生活不如你的意，换了别的工作和生活方式也可能都一样。一切都看你自己，高兴也是过日子，不高兴也是过日子，你怎么想呢，女士？

别让情绪左右你的容貌

卡耐基写给女人的话

再没有什么会比糟糕的心情、恶劣的情绪会使一个女人老得更快。

我去访问女明星英乐·奥伯恩时,她告诉我她绝对不会忧虑,不会让任何糟糕的情绪左右她的生活,因为这些糟糕的情绪会摧毁她的事业,摧毁她在银幕上的主要资产——她美丽的容貌。她告诉我说:

"当我最先想要进入影坛的时候,我既担心又害怕。我刚从印度回来,在伦敦一个熟人也没有,却想在那里找一份工作。去见过几个制片人,可是没有一个人肯用我。我仅有的一点钱渐渐用光了,整整有两个礼拜,我只靠一点饼干和水过活。这下我不仅是忧虑、恐惧、沮丧、绝望,还很饥饿,我对自己说:'也许你是个傻子,也许你永远也不可能闯进电影界。归根究底,你没有经验,也从来没有演过戏,除了一张漂亮的脸蛋,你还有些什么呢?'

"我照了照镜子。就在我看着镜子的时候,才发现这段时间的坏情绪对我的容貌起了极坏的影响。我看见忧虑造成的皱纹,看见焦虑的表情,看见恐惧在我的皮肤上留下的印痕,于是我对自己说:'你一定得马上停止,不能再消沉下去,放任自己的情绪作恶了,你所能给人家的只有你的容貌,而这些情绪会毁了它的。'"

再没有什么会比糟糕的心情、恶劣的情绪使一个女人老得更快。女士,我绝不是在吓唬你,它们会在你的表情、你的面容、你的头发、你的皮肤上留下难看而丑陋的痕迹,它们会左右你的决定,毁掉你快乐生活的权利,影响你的人际关系,阻碍你迈向事业的成功……它们的坏处简直说也说不完,但最重要的一点是:对容貌的影响。

无论你是不是电影明星,只要你是一位女性,容貌就一定是你最为注重的。而且,坏情绪对容貌的影响几乎是同步的,比如你出门遇见熟人,恰巧这一天你心情不好,对方可能很快就会关切地问你:"怎么了,亲爱的,发生什么事了?你的脸色看起来很不好。"

哪怕仅仅只是为了保护好你的容貌,也要坚决抵制坏情绪对你的皮肤、你的表情、你的血液循环、你的健康的侵害。

曾经有一段时期,日本掀起了第一次"自然化妆品"热潮,与现在的"自然"有所不同,主要以使用更加原始的原材料生产化妆品为特色,比如使用赤豆、丝瓜等所谓"传统智慧"的化妆品大行其道,对流行时尚极为敏感的年轻女性完全陷于其中不能自拔。这种自然化妆品的依据便是"绝不使用任何界面活性剂、防腐剂以及香料等成分""使用这些'含对皮肤有害的物质'的大型化妆品生产厂家的化妆品对人的肌肤是极其危险的"等等。这种极端的论调使陷于其中的女性们纷纷对著名厂家的化妆品敬而远之,甚至持否定态度,一心追捧赤豆和丝瓜。

在这片热潮中,有一位女性在接受各种杂志采访时曾语出惊人,发出豪言壮语:"除了纯自然的化妆品,其他的都是可怕的,使用不得!"

可是大约一年之后，她又突然宣称自己是"敏感性肌肤"，开始热衷于由皮肤科医师开发研制的化妆品，"就是不使用防腐剂的自然化妆品也令人觉得可怕，使用不得！"又过了大约两年左右，她又转而竭力称赞所谓"无任何添加物"的化妆品来，对皮肤科医师开发研制的化妆品也变成了否定："那只不过是一种错觉而已！"后来，每当我与她联系时，她都会告诉我，她又换了一种"爱用品"，或者又迷上了我只听到过名字的二线品牌的邮购化妆品，而选择的理由自然是每次都各不相同，真是很有意思。毫无疑问，她就是那种"化妆品信息源""超级时尚发布中心"，同时又是稍显不成熟的狂热的化妆品爱好家。

彷徨于各种化妆品间而无法确定自己适合的，这本是谁都会发生的事情，没有什么不好；可是她的情况却稍稍有些病态，对各种化妆品——热衷又——幻灭，因而肌肤总是不能变得光滑美丽，尽管尝试了各种各样的化妆品，但是她一点也没有美丽起来，脸色总是显得暗淡无光，而且她还一直在为脸上的疙瘩而烦恼。

后来她又随着时尚潮流开始为"冥想化妆品"而倾倒，但是脸色仍然未见丝毫好转，最后，她发出了"难道所有化妆品都没有效果"的疑问。即使这样，她还是没有停止尝试，先后使用了各种"冥想化妆品"。她将自己的皮肤状态毫无改善的原因统统归结为化妆品，而旁观者则清清楚楚地知道这绝不是化妆品的原因。3年前，她结婚当了一名全职主妇，出于很容易理解的原因，她听从住所附近主妇们的推荐，又试着换用了在主妇中间很受欢迎的上门推销的化妆品，结果如何？令人简直不敢相信，她的肌肤一下子变得光滑美丽起来。

"真的是好不容易才遇上了这样好的化妆品啊！"她兴奋异常地给我打来电话报告。我问她："怎么个好法？"她回答："脸上的疙瘩全都不见了，皮肤也变白了……"

我情不自禁地想：果不其然！

她为肌肤持续烦恼了约十年的根本原因，不是"没有遇见好的化妆品"，而是她身体内反反复复蓄积下来的令人感觉不适的情绪和精神压力，巨大的情绪压力会导致自主神经系统失调，血液循环不畅，皮肤的免疫机能也低下或出现紊乱，她总是脸色暗淡，稍有一点小事脸上便长出疙瘩等，全都是内在的负面情绪压力所致。那么，为什么持续了10年的讨厌的问题会在一瞬间全面解决呢？因为她结婚了。年过35岁的"闪电式结婚"，不要说周围人都觉得惊讶不已，她本人可能是最最想不到会有这样的事情吧？

类似的例子还可以举出许多。一位皮肤粗糙不堪的女性先后尝试了各种各样的化妆品，在某次人事变动后被调到其他科室，突然间仿佛全身的毒素全部排出似的肌肤变得光滑润洁起来；还有一位女性与长期同居的男友分手，重新搬家之后，立即显得容光焕发，终于告别了彷徨于各种化妆品的生活。不管是谁，都是在改变了自己的日常生活场所的同时发生的变化。

糟糕的心情和情绪是女人容貌的最大克星，拥有好心情就是最好的天然化妆品。如果你不想让自己眼睛周围那些皮肤特别薄的地方过早出现皱纹，请及时地远离坏情绪。

接纳自己情绪的人不会随意发怒

 **卡耐基写给女人的话**

假如她们能够以积极的心态来重新审视她们的愤怒，回溯引起她们愤怒的起因，那么她们就可以把它作为一种有力的工具，而不是焦虑的来源。

自己该怎样发火，别人冲你发火你该怎么办，这对很多女士来说非常难于把握。因为她们认为发火就算不是禁忌，至少也是不合适的。对付怒火冲天的人对女性来说尤其困难，因为她们从小受的教育就是：淑女是不该失去风度的。

喊出心中的话，女士，对你来说，意味着什么呢？

玛丽·瓦伦蒂斯和安妮·戴维恩合著的《女性的愤怒》一书中写到，愤怒常常能够给女性的生活带来力量，但是家庭的教养和社会准则很难容忍那些改变我们生活的愤怒情绪。两位女作者谈到"艺妓"综合征，这并不仅限于亚洲妇女，只因"艺妓"是以我们所熟知的谦卑形象而命名。据瓦伦蒂斯和戴维恩所说，"艺妓"是指具有这些典型特征的女人："总是取悦于他人，而把自己放在第二位；不能与其他人分享自己的思想和感情，缺乏自信和原则；愿意忍受虐待，她的目的是不惜一切代价以维持现状。"

因为这种不利于健康的依赖心理，她的怒气总是不能表达出来，但它们在消失之前不知不觉地侵入了她的内心。而结果呢，作者这样写道："可能会导致慢性的疲劳、牙关紧闭症、莫名其妙的失控、没来由的恐惧比如广场恐惧症。""艺妓"的愤怒就像一个火药桶一样，一旦点燃，它会剧烈地爆炸。一次冲动的反应往往不是某次特殊情况的结果，而是长期压抑使然。

很久以来，女人突发式的怒气似乎已成为其文化的一部分。这种疯狂的行为实际上被称为"running amok"，来源于马来语的"amoq"，原意是指"杀气腾腾的战争"。

对于女性来说，如果常常表现出愤怒和经常参与冲突，会被认为是一种不讨人喜欢和不光彩与让人蒙羞的行为。通常，女性只能以一种婉转巧妙的方式去消解她们的怨气，而不能直接爆发出来。她们可以通过与别人闲谈避免冲突，也可以想象一些精心策划的报复计划，可以咬牙切齿，可以用酒精麻醉自己，也可以把自己埋在一大堆工作中以忘却心中的不快。一位担任大型国家机构行政总监的妇女说："我会在纸上写下我的怨言，但我不会给任何人看，它只是我排遣挫折感的一种方式，或者我会关上门，独自尖叫，只是为了释放。""我会躲在汽车里大哭一场，因为那是我能拥有的唯一的私人空间。"这是很多年轻女孩的解决办法。

然而，假如她们能够以积极的心态来重新审视她们的愤怒，回溯引起她们愤怒的起因，那么她们就可以把它作为一种有力的工具，而不是焦虑的来源。愤怒可以告诉女人自己以及她们周围的女性固有的界限，以及她们直接感受到的事情是否可以容忍，可以在超出她们的界限时发出信号。最重要的是，能够激起她们最疯狂的怒气的事物往往也是她们最恐惧的事物。愤怒仿佛是她们内心的一个警报系统，当这个系统敏感时，会给她们带来一些有意义的回应和报偿。

所以，如果想跟其他人保持一种明朗的交往关系，以自信的态度表达自己的怒火是很重要的。并非所有的女士都必须在任何时候保持活泼的、善解人意的表象，还有甜甜的笑容。要想维持与他人的关系，重要的是沟通和解决让自己生气的问题，而不是听任怒火积聚，一发不可收拾。你可以让对方清楚地了解你的感觉、你的要求，而不是去压倒、污蔑或是侮辱对方，不把细小的分歧演变成不可调和的矛盾。

我认为，女性学习将怒气用恰当的方式表现出来是感觉个人力量、处理人际交往的第一步。温迪·明克是圣·克鲁兹加州大学的教授、美国国会女众议员佩特思·温迪的女儿，在《交谈开始》这本书里，她回忆了自己的少年经历，讲述了她是如何将最初的愤怒转化成一种建设性的行为的：

"起初我们住在弗吉尼亚的阿灵顿，我在那儿上公立学校……白人孩子都叫我"中国佬"，叫我坐在公共汽车的后面，还取笑我……有一次，在上高中时，我陪朋友参加一个双方未谋面的两对男女的约会。当那个男孩出现时，他大发脾气，说："我从不和菲律宾人交往。"其他人把我看成外国人，当我学习说英语时，或者如果我在夏威夷一直穿一件绿色裙子时，他们会问我，一些人认为我是日本人，另一些人认为我是中国人。在越南人越来越多时，又有人说我是"gook"（对韩国人、日本人、菲律宾人、越南人等黄种人的蔑称）。

"我对这些偏见表示抗议，我会回答他们。但问题是你的生活是否是主流文化的一部分，你通过学习用一种创造性的方式疏导你的怒气，比如发表政见或者参与艺术活动，或者压抑，或者爆发出来。我选择了政治这条道路，加入了争取民权和反战的行列。这样不仅可以表达我的感情，而且可以参加公共的政治教育活动。"

温迪·明克的经历印证了我的观点,理性的女性了解到如何释放和指导自己,超越愤怒和恐惧,让自己成长。可以通过一些团体聚会的方式,比如定期的晚餐聚会、教堂聚会、读书聚会、本地社区组织机构,以及我们所关注的问题的相关服务性网站等。

超越愤怒,首先要对它有更多的认知,这样女性才能够一步步坚定自信且具建设性地来处理这种情绪。

女性朋友们对愤怒究竟有何感想?大多数人都觉得愤怒相当棘手,因为她们一向将其视为一种激烈的情绪。尤其在西方社会,人们并不是非常乐于接受个人的情绪表达,因此往往会因自己喜、怒、哀、乐的表达而感到愧疚与不安。表达愤怒特别会让人有这种感觉,因为它似乎令人如此难以驾驭。有的人甚至连自己在生气都会加以否认,因为这样做,似乎比为了不知如何面对自己的愤怒而伤透脑筋还要容易处理。

因此,女士们,我希望你们首先认识到愤怒的积极的一面:

1. 改变现状。如果没有了它,人们就只会接受现状,而不会为了迈向自己的目标采取任何行动。举例来说,如果本世纪初的女性未曾因自己被剥夺票权而感到愤怒,那么她们也就不会为了投票权而抗争了。

2. 纾解压力。表达愤怒可以纾解压力,否则压抑的情绪可能会导致焦虑,甚至疾病,这些症状均可借由愤怒的宣泄得到纾解。然而,这并不意味着女性朋友们必须将愤怒直接发泄在生气的对象身上。

3. 更为开诚布公。愤怒可以使得双方关系更为开诚布公,进而互相信赖。如果知道某人愿意和你谈谈最为棘手的问题,而非只是将其含糊带过,假装好像不存在似的,那么信任便会油然而生。

4. 情感疏通。倘若人们在情绪产生时,能够确实触及自己真正的感受(包括愤怒在内),并加以适当处理,那么毫无疑问,他们不会将那些未表达或封闭的情绪积累起来，从而避免巨大的内在压力。

5.实现目标。不容忽略的，存在于愤怒中的能量，同样是实现目标的动力。只要运用得当，会帮助你得到梦寐以求的事物。

我们必须认识到，女士，怒火并非一无是处，我们必须把愤怒当作一种有用的东西来灵活运用，而不是将它当作具有毁灭性的坏情绪来处理。下面这些要点，或许可以帮你着手应付怒火：

1.生气的时候，不要总是保持沉默，因为这意味着压抑，要寻找恰当的方式，理性地表达你的感受和需求；

2.正在愤怒的顶峰，暂时远离对方，是一种不错的选择；

3.千万不要将怒火压在心底，酝酿几天，然后猛烈爆发；

4.假如你习惯表现得很受伤，把自己伪装成受害者，而实际上你内心很生气，那么，请改正这个毛病，尽量尊重自己的真实感受；

5.不要另外找替罪羊发泄怒火；

6.如果别人生你的气，你需要直接、有效地承担责任，而不是哭哭啼啼，当别人向你抱怨或生气时，学会倾听并且试着理解别人。

把内心的伤痛说出来,伤痛会降到最低

 **卡耐基写给女人的话**

把心事说出来,把情绪发泄出来,这是摆脱负面情绪伤害的最直接的办法。

一年秋天,我的助手坐飞机到波士顿参加一次世界性的最不寻常的医学课程。是医学吗?没错。这个课程每周举行一次,参加的病人在进场之前都要进行彻底的身体检查。虽然课程正式的名称叫作应用心理学,其真正的目的却是治疗一些因情绪而得病的人,而大部分病人都是精神上感到困扰的家庭主妇。

这种专门为忧虑的人所准备的课程是怎么开始的呢? 1930年,约瑟夫·普拉特博士——他曾是威廉·奥斯勒爵士的学生——注意到,很多到波士顿医院来求诊的病人,生理上根本没有毛病,可是他们却认为自己有那种病的症状。有一个女人的两只手,因为"关节炎"而完全无法使用,另外一个则因为"胃癌"的症状而痛苦不堪。其他有背痛的、头痛的,常年感到疲倦或疼痛的。她们真的能够感觉到这些痛苦,可是经过最彻底的医学检查之后发现,这些女人没有任何生理上的疾病。很多老医生都会说,这完全是出

于心理因素——"病在她的脑子里"。

可是普拉特博士却了解，单单叫那些病人"回家把这件事忘掉"不会有一点用处。他知道这些女人大多数都不希望生病，要是她们的痛苦那么容易忘记，她们自己早就这样做了。那么该怎么治疗呢？

他开这个班，虽然医学界的很多人都对这件事深表怀疑，但有意想不到的结果。从开班以来，18年来，成千上万的病人都因为参加这个班而"痊愈"。有些病人到这个班上了好几年的课——几乎就像去教堂一样虔诚。我的那个助手曾和一位前后坚持了9年并且很少缺课的女人谈过话。她说当她第一次到这个诊所来的时候，她深信自己有肾脏病和心脏病。她长时间感到忧虑和紧张，有时候会突然看不见东西，担心失明。可是现在她充满了信心，心情十分愉快，而且健康情形非常良好。她看起来只有40岁左右，可是怀里抱着一个睡着的孙子。"我以前总为我家里的问题郁闷得要死，"她说，"几乎希望能够一死了之。可是我在这里学到了情绪对人的害处，学到了怎样消除郁闷。我现在可以说，我的生活真是太幸福了。"

这个班的医学顾问罗斯·希尔费丁医生觉得，减轻坏情绪最好的药就是适度发泄坏情绪。他和每一个来上课的女人聊天，鼓励她们说出内心的烦恼、郁闷，他听她们哭诉生活中的一切痛苦，他让她们找到并坦诚诉说坏情绪的来源，甚至，有时候，面对特别绝望痛苦的女性，他只是请她们单纯地发泄，哭泣、自责、抱怨、痛骂都可以，只要她们觉得那样做能够让自己舒服一点。

我的助手亲眼看到一个女人在说出她心里的郁闷之后，感到了一种非常难得的解脱。她有许多家务方面的烦恼，而在她刚刚开始谈论这些问题的时候，她就像一个压紧的弹簧，然后一面讲一面平静下来。等到谈完之后，她居然能够面露微笑。这些困难是否已经得到了解决呢？没有，事情不会那么容易。她之所以有这样的改变，是因为她能和别人谈一谈，就像把积压已久的东西倾泻出去，她的心情顿时变得轻松了。

就某方面来说，心理分析就是以语言的治疗功能为基础。从弗洛伊德的时代开始，心理分析家们就知道，只要一个病人能够说话——单单只要说出来，就能发泄他心中积累许久的情绪。为什么呢？也许是因为说出来以后，我们就可以更深入地看到我们的问题，能够看到更好的解决方法。没有人知道确切的答案，可是我们所有人都知道。"吐露一番"或是"发发心中的闷气"，就能立刻使人觉得畅快很多。

所以，女士，下一次当你再碰到什么情感上的难题、生活上的困境时，何不去找个人谈一谈呢？我并不是说，让你随便到哪儿抓一个人就把心里所有的苦水和牢骚说给她听。女士，你一定要找一个能够信任的人，约好时间。也许找一位亲戚、一位医生、一位律师、一位教士或是一个神父，然后对那个人说："我希望得到你的忠告。我有个问题，希望你能听我谈一谈，你也许可以给我点忠告。也许旁观者清，你可以看到我自己所看不到的角度。可是即使你不能做到这一点，只要你坐在那儿听我谈谈这件事情，也就等于帮了我很大的忙了。"

不过，如果你真觉得没有一个人可以谈话，那我要告诉你所谓的"救生联盟"——这个组织和波士顿那个医学课程完全没有任何关联。或者，你也并非一定要去找"救生联盟"，找任何团体或者联盟都可以，只要它们的宗旨是为那些不欢乐或是在情感和精神方面出了问题的人提供帮助。

假如你情绪糟糕到完全不想出门，不愿意见人，那也没关系，你可以在家中痛哭一场，或者大声地抱怨，甚至砸掉一些你并不十分心疼的东西——没人会阻止你这么做，只要你能够把坏心情发泄出来，你想怎么做都可以。

把心事说出来，把情绪发泄出来，是摆脱负面情绪伤害最直接的办法。

通过这种方式，女士们，你们可以倾泻出内心那些堆积已久的毒素，可以卸掉压在你心灵上的情绪重负，随时轻装上阵，以畅快轻松的心情重新投入到工作、感情和生活中。

第七章
女人越淡定越有味道

女人的容颜会在时光里老去，女人的青春会在岁月的流逝中消失；但是，女人的涵养、女人的淡定气质，会在时间的洗涤中变得越来越清晰，它们会像珠玉一样散发出温润的光芒，赋予女人越来越多的魅力。女人越有涵养越淡定，而淡定是女人最深的味道。

给心灵松绑

 **卡耐基写给女人的话**

快乐就在心里,只要愿意让心自由跳动,不给它增加多余的负担,我们就可以无拘无束地感受到快乐。

我认识一位军人,他叫泰德·班哲明诺,住在马里兰州的巴铁摩尔城。他曾经在战争时期得了一场很严重的心病,几乎完全丧失了斗志。假如我告诉你们他的病因是什么,女士们,我想你们一定会感到非常惊讶,甚至会感到难以置信,因为在我们所有人的心目中,军人应该是那种非常坚强的男人,他们奔赴战场,对生死都毫无畏惧,那还有什么能把他们击倒呢?而泰德却因为内心的恐惧和担忧住进了医院。

没错,仅仅由于他用无休止的恐惧和担忧捆绑了自己的内心,并以此折磨自己,他才会在战场上倒下。身体的伤害、死亡没有找上他,是忧虑的细线缠住了他的心灵,让他痛苦万分,不得解脱。那么,他最后是如何给心灵松绑,让自己重获新生的?事情是这样的:

"1945年4月,"泰德·班哲明诺说,"我患了一种医生称之为结肠痉挛的病,这种病是由于我内心的忧愁引起的,使人很痛苦,若是战事持续下去的话，我想我整个人都会垮掉的。

"当时我筋疲力尽。我在第九十四步兵师担任士官的职务，工作是建立和维持一份作战中死伤和失踪者的记录，还要帮忙发掘那些在战事最激烈的时候被打死的、被草草掩埋的士兵。我得收集那些人的私有物品，要确切地把那些东西送回到重视这些私有物品的家人或近亲手里。我一直在担心我们会造成那些让人很窘的或者是很严重的错误，我担心自己是否能撑得过这些事，我担心自己是否还能活着回去把我的独生子抱在怀里——一个我从来没见过的16个月大的儿子。由于担心和疲劳，我瘦了34磅，而且担忧得几近发疯。我看着自己瘦骨嶙峋的双手，一想到自己瘦弱不堪地回家，我就非常害怕，我崩溃了，哭得像个小孩，我浑身发抖……就在德军最后大反攻开始不久，我经常哭泣，我觉得我再也不能成为正常人了。

"最后我住进了医院。一位军医给了我一些忠告，我的生活以此为界，开始发生改变。在为我做完一次全身检查以后，他告诉我，我的问题纯粹是精神上的。'泰德，'他说，'我希望你把你的生活想象成一个沙漏，你知道在沙漏的上一半有成千上万粒沙子，它们都慢慢地很平均地流过中间那条细缝。除了弄坏沙漏，没有办法使两粒以上的沙子同时通过那条窄缝。我们每一个人都像这个沙漏。每一天早上开始的时候有成千上百件工作，有无数的困难、痛苦、悲伤让我们觉得自己一定无法承受。可是无论我们多焦虑，时间还是会一点点流逝，困难也好，痛苦也好，我们只能让它们慢慢地、平均地通过这一天，像沙粒通过沙漏的窄缝一样，否则肯定会损害到我们自己的身体或精神。'

"从值得纪念的那一天起，当军医把这段话告诉我之后，我就一直奉行着这种哲学。'一次只流过一粒沙子'这个忠告，战时在身心两方面都救了我。目前对我在手艺印刷公司的公共关系及广告部中的工作，这也有莫大的帮助。我不会再紧张不安，因为我记得那个军医告诉我的话：'一次只流过一粒沙子。'我一再对自己重复地念着这句话。无论遭遇多少问题，我都不会再有那种在战场上几乎崩溃的、迷惑和混乱的感觉了。"

女士们，我知道你们之中的许多人都曾经疑惑自己的生活为什么不快乐。现在，你们读过泰德的故事之后，是不是有所领悟？不快乐，是因为你们拘束了自己，捆绑了自己的心灵，快乐就在心里，只要我们愿意让心自由跳动，不给它增加多余的负担，我们就可以无拘无束地感受到快乐。可是，女士们，回头看看，我们一直都在做什么呢？

沉浸在回忆里，为过去发生的事情而感到懊悔悲伤，为自己犯过的错误而感到自责；或者，害怕自己即将犯下错误，为那些看不见、摸不着的未来而感到忧虑焦灼——女士，在应该让自己尽情感受快乐的时候，我们都在做着这些事，就像泰德在战场上做的一样，难道不是吗？

如果说泰德身处可怕的环境中，被焦虑和恐惧击倒还情有可原，那么，我们呢？我们生活在和平安宁的环境里，有工作，有家人相伴，有健康的身体，有爱情，可是走在大街上一看，却看不到几个面带笑容、表情轻松快乐的人。

目前我们的生活方式中，最可怕的一件事就是，很多疾病都是因为心理、精神上出了问题而引起的。生病的人都是被累积起来的昨天和令人担心的明天所加起来的重担所压垮的，而这些病人中，大多数只要能给自己的心灵松绑，像泰德那样，用面对沙漏的态度，不慌不忙，不徐不急，淡定面对一切问题，今天就都能走在街上，过着快乐而有益的生活。

要知道，女士们，你和我，我们所有人都是这样：在目前这一刹那，我们都站在两个永恒的交汇之点——已经永远永远地过去，以及延伸到无穷尽的未来，我们都不可能活在这两个永恒之中，甚至连一秒钟也不行。若想那样做的话，就会毁了自己的身体和精神，所以，我们就以能活在这一刻而感到快乐和满足吧。

从早上起床一直到我们夜里上床，"不论担子有多重，每个人都能支持到今晚的来临，"就像罗勃·史蒂文生所说，"不论工作有多苦，每个人都能做他那一天的工作，每一个人都能很甜美、很有耐心、很可爱和很纯洁、很快乐地活到太阳下山，而这就是生命的真谛。"

放掉包袱，顺应生命的节奏

卡耐基写给女人的话

生活是客观的，也是现实的，而现实的存在是遵循它的自身规律在发展变化的，任何试图改变它，违背它，肆意而为的人，除了证明她性情浮躁以外，她也无任何快乐可言。

我认识底特律城的一位女士，有一次我去那里演讲时，她找到我，告诉我最近她的生活陷入了困境。我问她是否有经济上的困难，假如是这样，我很愿意尽我所能地帮她一把。但她说："并不是经济上的困境，卡耐基先生，我过得很好，不，也不能这么说，我的意思是，我最近遭遇了许多事，让我感到非常痛苦，说实话，我已经好多天睡不安稳了，我也想好好睡，相信我，可我做不到。"

我连忙问她发生什么事了。她说："哦，很多事，最近我的父母相继去世；而我最好的朋友，爱丽丝，她也生了病，前不久过世了……我的弟弟，因为和人发生纠纷，进了监狱；还有我的丈夫，他的工作很顺利，但身体出了点问题，虽然不严重，可是……我觉得很多事情就这样发生了，像一列马车向我冲过来，我没办法躲闪，又像一个沉重的包袱压在我身上，让我什么事都做不好，吃不好饭，睡不好觉，前天我甚至忘记了放学时去接我的儿子，我不知道到底该怎么办……"

她捂住脸，几乎要哭出来。我安慰了她一会儿，然后说道："虽然这些话听起来很不近人情，但是，要知道，这就是生命的规律。我们每个人的人生都会经历这些事情。周围人的生老病死，困境，麻烦，痛苦，我们都会受很多苦，而事情一旦发生了，我们所能做的就是让它们过去，事实上，它们已经过去了，不是吗？而你却把它们留在了此时此刻，让它们继续增加你的痛苦。"

当时，不知道她有没有把我说的话听进去，但后来，过了一阵子，她给我写信，向我表示感谢，并告诉我，刚开始的确还是痛苦得睡不着觉，不过，现在已经好多了，恢复了原来的模样——她将这种变化归结为我对她的开导。我却认为，这样的结果是理所当然的，人的一生中，我们都是不断地往前走，不断地收获，又不断地抛弃；我们不断地与人相遇，又不断地与人告别；我们不断地陷入困境，又不断地走出困境——这就是生命必然的节奏和规律，谁也不能违背，除非你打算停在一个地方，让生命陷入停滞与绝望，否则，无论遭遇什么，我们最终都会走出来，将痛苦抛在脑后。

女士们，我们活在这个世界上，时间越长，积累下来的东西越多。快乐、幸福、希望、悲伤、痛苦、失望这些东西都会堆积起来，作为我们的经验而存在——或者，假如你愿意，它也会作为我们的障碍、负担而存在。不久后我们会累积更多，需要将之封入行李箱中，倘若我们有一整批这样的包袱，甚至需要雇人携带着它们。

因此，我们的人生里很重要的一门功课，是学会放下这些包袱。对我们有用的经验要留下来，比如从失败中吸取的教训、从友人那里学会的诚挚、从爱情中获取的信仰等等，这些都可以留在心里，融入以后的生活里；但那些对我们毫无益处，甚至只会阻碍我们前行的包袱，一定要果断地抛弃，比如过去的伤痛、失败时的沮丧、对未来的忧心、生活中无尽的烦恼……这些都需要我们及时抛下，这样才能确保我们前行的脚步不受阻碍。女士们，我们都不是大力士，在人生这条漫长的路上，谁也背不动这么多东西。

生活是客观的，也是现实的，而现实的存在是遵循它的自身规律在发展变化的，任何试图想改变它，违背它，肆意而为的人，除了证明她性情浮躁以外，她也无任何快乐可言。女士，你不需要费力去执着于任何事、背负任何事，因为任何事都会变动，都会随着生命的客观规律产生、消失。

可惜，我们之中有许多人总是将精力耗费于记住痛苦而不是记住快乐，仿佛需要维持那些使我们感到不好的事情。在我的公司中，有一项练习是使人们了解自己包袱处理的癖性，很多人都被结果吓着了。我要大家各自找一个搭档，并描述多年来累积的负面事情，聆听的那一方必须回答说："那真可怕，再多说一些。"5分钟后，则接着叙述发生过的美好事情。当我要他们停止叙述负面事情时，她们都表示自己还可以说得更多，然而在停止分享正面的事情前，很多人早就讲不出来了。她们承认要分享美好的事物比较困难。若只单单回想自己上周的心绪，我猜大家马上可以记起那些令自己烦心的事，然而若是要我们回想美好的部分，我们可能说不出话来。

当我们有许多包袱时，要逃离它们总是困难重重。沉重的心理负担使我们的生活变得迟缓、无心工作、无心和孩子们说话，或是计划度假。倘若我们一心一意地徘徊在昨夜与丈夫的争吵中，那么，是放掉这些包袱的时候了。

一旦我们察觉到他人的行为影响到了我们，我们有许多选择。我们可以理直气壮地议论它或改变自己的态度，甚至是释放它（任由它去、不管它）。自从我们喜欢凡事追根究底后，释放可能是人性中最难以做到的行径之一。

下面有些点子，能试着教你一些把包袱处理掉的方式：

1. 有时想一想那些结果证明是如意的事情。这样的思考方式能够创造幸福的感觉和乐观的心情。我时常回想祖父母为我做的一切，祖父将我从小马车里抱出来、赏我冰淇淋的景象时常出现在我的脑海里，令我感到被爱，感受到自己充满祝福。

2. 每当我们无法超越过去的罪愆时，把它们想象成栖息在自己背后的一只怪兽，并大声地喊出："滚开！"

3. 为自己和家人创造一套价值体系。这样的体系能够帮助我们活出更一致的生命。别再用过往的包袱责备自己。避免说"我不要再像老爸一样白痴了"，而是"我珍重内在的宁静与和谐，所以我会保持镇静"。别对孩子们说"把自己背后清理清理，否则你会像你叔叔一样邋遢"，而是教导他们负责的价值观。

4. 写下自己的悼念文和墓志铭。认真地思考，我们最能使上力的事情之一是什么，我们希望人们记得自己什么，这会给予我们方向与目标。让我们期待人们在哀痛我们辞世的同时，还能发现我们留下这一页充满爱、欢笑以及活力的回忆。

内心没有对抗，就能淡然面对压力

 **卡耐基写给女人的话**

所谓压力，其实并不是困难的事情或者难以相处的人带来的，而是我们强加给自己的。

我曾参与过一项名为"压力下的家庭健康"调查，在接受调查的20000人中有近85%的人认为，绝对需要学习如何处理压力。根据过去10年美国家庭医师协会的调查估计，一般的病人中，有近四分之三具有与压力有关的问题，这样的调查和其他类似的调查统计引起了许多公司机构与企业界领导人的关切，因为在过去的一年里，与压力相关的疾病造成的生产效益低下，已使得他们的公司损失了500亿美元。而且他们相信在两年以内，这种花费会增至750亿美元——平均每位美国工人要花750美元。家庭与婚姻是受压力影响最严重的领域。一般来说，压力是婚姻问题与人际关系问题的最根本的原因之一。

艾柯森博士在他的一篇医学报告中为我们总结了一些关于压力带来的症状。他认为，压力是精神与身体对内在、外在事件的生理反应与心理反应，具有下列特征：

（1）主观性——同样的事件有人觉得有压力，有人却觉得不怎么样；

（2）评价性——同样的压力有人认为对自己有帮助，然而有人却认为对自己有副作用；

（3）活动性——压力会因为对每一个人造成的严重性不同，从而产生程度不同的压力。

对女士们来说，人生的各种压力也主要来源于并且也作用于这几个方面：工作、婚姻家庭、人际关系。但女士，如你所见，压力是否成为问题、是否有害，取决于我们自己的态度。各位女士需要明白的是，适当的压力是好事，它能够促使我们在工作上更努力，促使我们意识到婚姻家庭生活以及人际关系中产生的问题，并适时予以解决。但如果把压力看得过于重大，不能够以淡然的态度去面对，那么压力在我们的意识里就会变得很可怕，它们会变成不可逾越的障碍，挡在我们面前，让我们的身心产生毛病，让我们很难集中精力去做事，严重影响正常工作和生活。

不幸的是，我们大多数人都难以淡然面对压力。事实上，艾柯森博士仔细地观察他的病人，发现80％的人都会因为压力而产生忧虑，而烦躁和忧虑会致使他们的身体经常呈现如下症状：

情绪：紧张、敏感、多疑、不稳定、焦躁不安、忧虑、烦恼、难以放松等；

生理：口干舌燥、心跳急速、异常出汗、肌肉紧绷僵硬、便秘、头痛、失眠、血压升高、全身酸痛、疲劳、精神不济、消化系统不良、新陈代谢失调等；

行为：抱怨、争执、挑剔、责备、暴力、滥用药物、生活作息混乱、坐立不安等。

如果只是暂时处于这种状态还好，但女士们不妨试想一下，如果我们长时间处于这样的情绪、生理和行为状态中，如果我们不曾学会面对压力，而让压力持续不断地困扰着我们，那样的话，不必说快乐生活了，连正常的日常生活都会被破坏。因此,淡定地面对压力、处理压力,这是很重要的。

在我在德州举办的成人教育班上,一个叫玛丽·苏伊曼的女士讲述了她一段至今难忘的经历:

"10年前,我刚刚从佛罗里达州立大学毕业进入一家洗涤品公司销售部工作,当时公司新研制出了一种冰箱除味剂,首先在几家超市做了人们对这种新产品的接受程度的调查,效果还不错,接着上司肖恩对我布置了新的销售任务——一星期内做出一份销售除味剂的策划案。当时我异常紧张,心想:'我只是个新手,为什么让我来做挑战性这么大、风险又这么高的策划案?为什么肖恩不让已经在这里工作了两年的彼得去做?'

"在这样的不安中我度过了前两天,我当时真实的感受是,当黎明到来的时候,我迅速起床赶到一个个社区中给每个家庭主妇分发除味剂,然后就在现场统计关于价格、包装、气味等方面的调查结果,到了晚上我面对摆在桌子上的一堆资料开始忧虑,'这样能行吗?别的同事是否会取笑甚至在会上反对这种销售方式?成功的概率到底有多少?'整个夜晚我就在这样的质疑中迷迷糊糊度过了。

"到了第四天事情开始出现转机,一位退休在家的老教授找到我们公司,急切地问:'你们的除味剂怎么在超市的货架上找不到?'这样简短的一个问题使我打消了忧虑,我自信地告诉杰克我的策划案已经完成,压力消失了,困扰也不在了,我们成功地推销了新除味剂。"虽然事情时隔10年了,玛丽依然很激动,"可能很多人生活中的忧虑和不快乐来自工作中的压力,其实更多的情况是,工作的压力不是因为工作本身,而是我们自己给自己制造的压力。"

不错,压力带来忧虑,带来一系列问题,但不知各位女士是否想过,压力最能伤害到你的时候,不是在你有所行动的时候,而是在你的行动还未开始或已经做完了之后。举例来说，当你接受了一个非常艰难而重要的任务，完成它将对你的职业生涯有莫大帮助，但如果搞砸了，很可能你的升迁或者加薪就泡汤了，偏偏此时你又毫无头绪，完全不知道该怎么完成这个任务，这个时候，你会被怎样巨大的压力所吞没？而当你在工作上出现过失或者差错的时候，你害怕别的同事或者上司会发现这事时，你心中又有着怎样强大的压力？但是，假如你此时正在集中精力，一心只想着怎么把事情做好，我不相信你还有多余的心力去感受压力，以及压力带来的种种身心症状。

著名心理学者哈里·赖文生博士谈到我们对自己将来的光明前景的概念。他说，我们总是尽力使每一件事尽善尽美，因为我们希望能活得更像心目中的自己，但在我们实际状况与自我期望之间总是有一段距离，这距离就是引起压力的根源，也称为自我的压力。

好了，现在你们都知道压力的来源和危害是什么，关于解决之道，我只想说一句话：在这项个人与压力的搏斗中，你若放弃自己的一意孤行，放下对"理想中的我"的过分追逐，面对任何事都少一点执着、少一点苛求，压力就可以减少许多。

心静时,就不会被负能量干扰

卡耐基写给女人的话
我们的人生就像一场交响乐,而我们每个人的身体和心灵就像乐器一样,需要保持绝佳状态,才能演奏出美妙的音乐。

在他的提琴完全定弦之前,大音乐家奥尔·布尔是不会在公众面前演奏的。在表演期间,如果一根弦松了一点,即使这种不和谐只有他一个人注意到了,他也必定会在继续演奏之前为他的提琴定弦,他可不管这需要多长时间,他也不管他的听众是如何骚动不安。而一个蹩脚一些的音乐人是不可能这么精益求精的。他可能会对自己说:"即使一根弦松一点也无关紧要,我将弹完这支曲子。除了我自己,没有人会察觉出来的。"

女士,你对此怎么看?你会对奥尔·布尔表示敬佩,赞美他在音乐上的完美主义还是会觉得他过于小题大做,为了追求那并不重要的细节的完美,毫不尊重听众的时间?如果要我说,我会更愿意将奥尔·布尔的演奏比作一个人内心和生命的演奏,将提琴定弦这件事比喻成一个人对内心和生命的琴弦的调试,正如奥尔·布尔对琴弦的和谐报以完美的要求一样,我们每个人也需要对内心和生命的琴弦定时做出调试,让身心保持最佳状态。

或许各位女士读到这里，会觉得我小题大做了。别着急，请容我表述我这么说的原因：我们的人生就像一场交响乐，而我们每个人的身体和心灵就像乐器一样，需要保持绝佳状态，才能演奏出美妙的音乐，难道你们不这样觉得吗，女士？

一些伟大的音乐家说，没有什么东西比演奏一件失调的乐器，或是与那些没有好声调的人一起演唱，更能迅速地破坏听觉的敏感性，更能迅速地降低一个人的乐感和音乐水准的了。一旦这样做以后，他就不会潜心地去区分音调的各种细微差异了，他就会很快地去模仿和附和乐器发出的声音。这样，他的耳朵就会失灵。要不了多久，这位歌手就会形成唱歌走调的习惯。

同样，在人生这支大交响乐中，你使用的是哪种专门的乐器，无论它是提琴、钢琴还是你在文学、法律、医学或任何其他职业中表现的思想、才能，这些都无关宏旨，但是，在没有使这些"乐器"定调的情况下，你不能在你的听众——世人面前开始演奏你的人生交响乐。无论你干什么事情，都不要玩得走样，都不要唱得走调或工作、生活、心理失调，更不要让你失调的乐器弄坏了耳朵和鉴赏力。即使是波兰著名钢琴家、作曲家帕代莱夫斯基那样的人，也不可能在一架失调的钢琴上奏出和谐、精妙的乐章。

生活或心理上的失调对任何人来说，都是应当避免的状态。假如我们被一些极具毁灭性的情感，比如担忧、焦虑、仇恨、嫉妒、愤怒、贪婪、自私等所困扰，那么，我们就应当先停下脚步，解决问题。因为当我们受任何这些情感的困扰时，就不可能将事情做好，也不可能生活得快乐顺心。

这就好像具有精密机械装置的一块手表，如果其轴承发生摩擦就走不准一样。而要使这块表走得很准，那就必须精心地调整它。每一个齿轮、每一个轮牙、每根轴承、每一根石英轴承都必须运转良好，因为任何一个缺陷、任何一个麻烦、任何地方出现了摩擦，都将无法使手表走得很准时。人体这架机器要比最精密的手表精密得多。在开始每一天的生活之前，人这架机器也需要调整，也需要保持非常和谐的状态，正如在演出开始以前需要将提琴调好一样。

你是否见过洗衣店里的转筒洗衣机？它刚开始旋转时，声音极为颤抖，似乎它要变得粉碎一般，但是，渐渐地，随着转速的加快，它的声音变得越来越微小，当它的转速达到最快时，这架机器的声音就很小了。一旦它达到完美的平衡，什么事情也扰乱不了它，而在它开始旋转之前，哪怕是一件极小的东西也能使它震颤、抖动不已。

一些鸡毛蒜皮的小事能使一个思想状况不佳的人烦恼不已，但根本无法影响一个思想沉着、镇定自若的人。即使是出了大事，即使是恐慌、危机、失败、火灾、失去财物或朋友，以及各种各样的灾难，都不可能使她的心理失去平衡，因为她找到了自己生命的支点——心理平衡的支点，因此她能够在任何变故和灾难面前保持淡定平和。

保持最好的状态是很重要的，女士，如同提琴用得久了，弦就会变松，音会变得不准，我们在人生这条路上旅行得久了，身心也会遇到各种问题，因此，我们需要经常停下来调适自己。如果你太过急躁，只顾着达到目标，只顾着往前走，只顾着演奏，而不肯花时间调校自己的内心状态，不肯停住急迫的脚步，安静地听一听心底的声音，给自己一点空间，处理身心的毛病，洗净内心的污浊，那么，你怎么会拥有饱满、健康、平衡的状态，游刃有余地应付生活中应接不暇的问题？

在这里，我可以提供几条具体的建议：

当你在工作中遇到很难解决的问题时，女士，请记住，一定不要跟这个问题较劲，为它焦虑伤神，产生过大的压力，而应该将问题放一放，把心暂时放空；当你工作过于忙碌，忙到让你完全没有时间去享受生活，或者做其他你感兴趣的事情时，一定要停下来，给自己放一个假。事情是做不完的，而心灵却是需要保持弹性的。

其他任何问题，生活中的、家庭中的、爱情里的、人际关系中的，任何问题都可以参照这个方法：暂时放开这个问题，停下脚步，清空内心的执着、抱怨、担忧、焦虑、仇恨、嫉妒、愤怒、贪婪、自私等一切负面情绪和能量，将身心调整到最健康、最和谐的状态，然后再去面对问题，这样一来，问题再多，你的心理也不会再受影响了，你可以集中所有精力去解决问题。

涵养、魅力——女人一生的灵魂

 **卡耐基写给女人的话**

有涵养的女人，即使容貌并不出众，她身上那些善良、爱以及谦和、优雅、从容的特质，也能让她的容貌绽放出光芒，使她拥有非凡的魅力。

我在一次宴会上遇到一位宾客，这是一位继承了一大笔遗产的妇女。她急于给他人留下良好的印象，为此浪费了很多金钱买貂皮、珍珠、钻石，但她的表情是刻薄和自私的，足以使人望而生畏。她也许至今还不明白，每个男人都懂得，一个女人的涵养比她身上所穿的衣服重要得多。

一个女人是否有涵养，从她的表情和言行上就可以看出来：她的表情是否充满爱心，言行是否谦和低调；她是否总是表现得优雅柔和，她的性情是否善解人意，是否时时表现出为人着想的特质；在遇到刁难时，她是否仍能保持宽容；在陷入低谷时，她是否仍能保持平和淡定。那些说话尖刻、行为粗鲁、傲慢自负、从不考虑他人感受、遇到问题就怒气冲冲或者惊慌失措的女性，即使拥有最漂亮的面孔，她也一定是没有涵养的、不受人喜爱的。

女士们，请记住这一点：女人一生的灵魂不是容颜的美貌，也不是金钱、成功，而是涵养，以及由此带来的魅力。有涵养的女人，即使容貌并不出众，她身上那些善良、爱，以及谦和、优雅、从容的特质，也能让她的容貌绽放出光芒，使她拥有非凡的魅力。

有这样一个有涵养的女士，她并不漂亮，平时说话也很少，但在朋友当中享有盛名，被公认为一位优秀的交谈者，一位令人愉悦、充满热诚和魅力的女性。她在交谈时的态度非常诚恳且善解人意，因此，在她面前即便是最羞怯、最胆小的人，也会在她的鼓励下谈论自己身上最美的闪光点，并感到自己能轻松自如地和她谈话。她解除和驱逐别人的担忧和疑虑，使得他们能够畅所欲言，向她诉说无法向其他人诉说的东西。她拥有很多朋友，人们认为她是一个有趣的人，是一位成功、富有魅力的谈话者，因为她能够在交谈过程中挖掘别人身上最优秀的内涵。

女士，如果你想使自己成为有涵养、有魅力、受欢迎的人，首先你必须使自己拥有优秀的交流能力，让别人乐意向你敞开心扉。

要做到这一点并不容易，你必须自然而不造作，活泼而不轻浮，富于同情心而不惺惺作态，你必须从你的心底流露出一种善良的意愿。你必须真正感觉到那种乐于帮助他人的热诚，并且全身心地投入到那些令他人感兴趣的事物之中。你必须吸引人们的注意力，并且通过打动他们的内心来牢牢地抓住他们的注意力，而这只有借助于一种令人感到温暖的同情和共鸣、一种真正友善的同情和共鸣才能做到。如果你是冷漠的、缺乏同情心的、拒人于千里之外的，你根本不能吸引他们的注意力。

你必须胸怀开阔，宽容他人。一个胸襟狭小、吝啬小气的人永远都不能成为高明的谈话者。如果某人总是对你的个人爱好、你的判断力、你的鉴赏力横加干涉，那么你永远都不会对他感兴趣。如果你紧紧地封锁了任何一条可以靠近你的心灵的途径,所有沟通和交流的渠道都对别人关闭了,那么,你的魅力和热诚就由此被切断了,你们之间的谈话只能是漫不经心的、马马虎虎的和机械单调的,不会带有任何活力或感情。

有涵养的女性,会在任何时候都让人乐意亲近,乐意与她交谈、与她相处。她不仅拥有优秀的谈话者的素质,而且她身上那种既自信又谦和的气质,常常令人不由自主地喜欢她、欣赏她。

我常听到许多女士埋怨:"我性情过于羞怯,很难引起别人的注意""没有人会对我感兴趣"或是"别人并不想认识我"等。不错,别人为什么要喜欢你呢?世界并没有义务非要喜欢你或我,或任何一个人。有什么特别理由别人会特别选中你(无论是工作或社交的理由)?除非你具有他们所要的特质,否则,他们没有必要特别注意到你。

如果希望成为受欢迎的女性,希望别人喜欢你,那么,你首先要努力修炼自己,让自己变得更有涵养和魅力;其次,你需要先去喜欢别人,对别人感兴趣,就像我在上文中提到的那样。

露丝·克洛维是我的好朋友,她十分懂得交友之道。凡是碰到她的人,无论是清道夫、百万富翁、妇孺老幼,都会在与她相处15分钟之内对她产生好感。为什么呢?她既不年轻,又不漂亮,更不富有,她有什么魅力可以吸引人呢?很简单,因为她一点也不矫揉造作,并且能让别人感觉到她真的喜欢、关心他们。

小孩会爬到她的膝上,朋友家的仆人会特别用心地为她准备餐点,而且,假如有人宣布"今晚露丝·克洛维会到这里来",则当天的宴会一定没有人缺席。除朋友间深厚的感情之外,露丝·克洛维的家人也都十分喜爱她。她的丈夫、女儿,还有好几个孙儿、孙女,全都对她称赞不已。

究竟这位女士是如何赢得这种幸福的?说来也很简单,就是待人诚恳、热爱人类而已。对她来说,对方是什么人,或做什么事,她都不会在意。只要是身为一个人,对她便意义重大,值得付出关爱。每次她遇见陌生人,很快就能像老朋友一样交谈起来——并不是专谈自己的事,而是尽量谈对方的事。她借由问问题,可以知道对方是从哪里来、做什么事、有没有什么家人等等。她也不会唠叨个不停,只是向对方表示自己的兴趣和关心,借以建立起友谊。

这种方法,连最爱嘲笑人生的人,都会像阳光下的花朵一样吐露芬芳。正像约瑟夫·格鲁大使所说的:"外交的秘诀仅在5个字:我要喜欢你。"

有涵养、有魅力的女性必定为人热诚,胸怀宽阔,善解人意,包容他人,富有活力,令人愉悦;她还必定是一位十分受欢迎的人,她在人群中富有魅力和吸引力,她身边的人都喜欢她,愿意和她相处。

而她们使用的方法是:注重施予,而不是获得——但应该是亲自赢取得来的,而不是靠一时的吸引或哄骗。用涵养和魅力赢取别人喜爱的能力,并不是指勾肩搭背、与人攀谈、动作滑稽或讲些逗趣的笑话等,那应该指的是一种心境、一种处世的态度或是一种愿意把自己的爱、兴趣、注意力及服务精神献给他人的愿望。

人生没有完美，只有更美

卡耐基写给女人的话

并非每件事都能达到预期的理想结果。成功固然美好，但即使失败，明天的风仍是继续地吹着，希望依然存在。

著名歌手玛丽安·安德逊曾经很生动地描述过她早期的生活。她那时事业失败，整个人很不得志，几乎就要放弃歌唱生涯。后来，凭借祷告和心灵的追求，她才逐渐恢复勇气和信心，准备继续为自己的事业奋斗下去。有一天，她兴致勃勃地向母亲说道："我要再唱下去！我要每个人都喜欢我！我要继续追求完美！"

母亲回答道："很好啊！这是很好的志向——但是，要知道，我们的主耶稣以完美的形象到这个世界上来，却还是有人不喜欢他。人在成就伟大的事业之前，必须先学会谦卑。"玛丽安听了，深受感动，因此决心在音乐造诣上"力求"完美，而不是"想要"完美。"谦卑先于伟大。"这是母亲给她的最好赠言。

我知道很多女士都习惯追求完美，我也曾这样。我曾经为了写出一篇完美的文章，花了一个通宵来进行修改，而本来我不必这么做，因为我熬夜修改出来的文章，并没有让我满意，它和起初的版本一样，远远没有达到完美的地步。我记得那次我因为没有休息好，得了重感冒，今天回想起这件事，我仍然觉得懊恼，因为就结果来看，实在是得不偿失。

难道对我来说，修改文章中几处无关紧要的措辞或者调整句子的位置，比起健康的身体更重要吗？没错，当时我的确是这样认为的。但是，正如玛丽安·安德逊的母亲说的那样，耶稣那么完美，仍然有人不喜欢他，那么，究竟什么才是真正的完美？对完美的追求是否有界限、有尽头？

所谓完美，无论是人还是事，都没有一个公认的确切的定义。假如我们追求的是 A 眼中的完美，而在 B 眼中，很可能并非完美，那么，我们对完美的追求将无休无止，而且毫无意义。

没错，无论做什么事，我们都应该力求完美，认真对待，但是，这并不意味着我们应该仅仅为了自己或他人眼中的完美而牺牲更重要的东西。当我们为了达到完美的状态不惜一切代价时，这不过是毫无益处的执着心和虚荣心在作祟。

当我们追求完美的时候，女士们，我们一定要分清楚：我们追求的是自己眼中的完美，还是他人眼中的完美？我们是在追求事情成功完成的那种"完美"，还是仅仅因为接受不了失败，因而放不下内心对"完美"的欲求？

女士们，谁也无法让自己永远处于只胜不败的完美状态中，在事业里，在生活中，数不尽的失败在等着我们。勇于接受失败和缺陷，才是我们应该做的事。世上并非每件事都能达到预期的理想结果，成功固然美好，但即使失败，明天的风仍是继续地吹着，希望依然存在。

换一个角度来看，因为失败，因为未完成、不完美，每一个人，每一件事，才有变得更好的可能，而完美是一个句号，它阻断一切可能性，既然如此，我们为什么执着于追求完美，并为那些无法企及的完美而痛苦烦恼呢？

20世纪，世界画坛上出了个"创新魔"——大画家毕加索。他具有画家的天才，16岁那年，就因举办了个人画展而一举成名。直到他91岁离世前的那天清晨，在他漫长的人生旅途中，他劳作不已，共创作了4500多件艺术珍品。这些珍品记录了他经历的写实主义时期、蓝色时期、玫瑰色时期……以及各种画风杂交时期的创作风格。他的画风不停地变，不仅观众应接不暇骂他是"邪恶的天才"，就连评论家也惊斥他是"艺术的变色龙"，但是，最后举世公认，他是"20世纪艺术的领路人"，是"点石成金的稀有之才"。尤其重要的是发现了他的成功之秘——他的作品全像是各种没有完全盛开的鲜花，或像是各种将要成熟的鲜果。

一位画家如果画出了完美的画作，那么他下一幅作品应该画什么呢？女士们，我希望你们明白，完美的下一步是无路可走。

假如你有完美主义的倾向，做家务总是一丝不苟，家中的每一处都必须一尘不染，你不准丈夫和孩子扰乱你精心设计的家庭内部的秩序，不准把袜子扔在光洁的地板上，不准在沙发上打滚，以免留下毛发，那么我敢肯定，你的家庭氛围是紧张的、缺乏温馨和乐趣，你和丈夫、孩子的关系也一定是乏味的、无话可说的。

假如你是一位完美主义者，并以此要求身边的人，那么我会猜测你的人际关系会出现许多问题；假如你把完美的性格带到工作上，那么你可能很擅长独自完成工作，却不擅长团队合作，而且你会很容易因为工作的压力而绷紧神经；假如你把完美的要求带到爱情里，那么你可能永远也找不到一位完美的情人，或者，你永远会觉得自己不够完美，并为此感到自卑，觉得谁也配不上你，而你也配不上任何人。

女士们，对完美不懈追求，这并没有错，这会让我们不断奋进，错的是我们太过吹毛求疵，内心太过苛求，以至于为了所谓的完美，没有分辨出真正重要的事情是什么。

我想，没有完美的人，也没有完美的人生，我们能够追求的永远只有更美。这意味着我们要包容缺陷，承受失败，接纳所有不完美甚至不美的地方。

接受最好的自己

 **卡耐基写给女人的话**

越是喜欢受人夸奖的人,越是没有本领的人。这也就是说,越是有本领的人,越是不需要别人的夸奖。

我曾经是一个害羞的人,天生不善于公开讲话,要我面对一群听众就好比要一个普通人面对国会调查委员会一样费力。

好几年前,我准备发表演讲,当时的听众据说相当难缠。我事前与一位好朋友共餐,免不了流露出紧张的情绪。"假如听众不同意我讲的话,要怎么办?"我神经兮兮地问那位朋友,"假如他们不喜欢我,该怎么办?"

"不错,"朋友回答道,"可是,他们为什么要喜欢你呢?你能给他们带来什么?你认为自己要讲的话很重要吗?"

我承认那些东西对我来说,的确意义十分重大。

"很好,"她继续说道,"我倒不觉得听众喜不喜欢你有什么重要。重要的是你有没有把想讲的信息传达出去。至于他们喜欢或讨厌你,又有什么关系呢?至少,你已完成了任务。"

朋友的这番话,改变了我对演讲的整个看法。现在,每当我准备发表演讲的时候，都会在事前先静心祷告："神啊，求你帮助我传达出对这些听众有益的信息，让他们有所收获，满心欢喜地回家。"这样的祷告对我十分有用，而我也的确希望能对听众有帮助。这样的祷告使我谦卑地体会到自己只不过是个传达某些信息的演讲员，而不是要显露自己的学问或风采。我的目的是要带给听众一些鼓舞性的思想，以期对他们的生活有所助益。

我相信你们都看出来了，各位女士，当我担忧听众不同意我讲的话或者不喜欢我的时候，我其实是在苛求自己，我希望人人都能喜欢我，人人都能够认同我，尊敬我，为我欢呼，但总会有人不同意我，不喜欢我，这才是现实，而我不愿意接受现实，同时也不愿意接受自己——那个不被人认同、不被人喜欢的自己。

为什么会这样呢？假如我每一场演讲都尽力去准备，尽力去做了，假如我的每一场演讲都能够达到它们最初的目的：给听众带来一些有益的信息，对他们有所帮助，那么我为什么还要执着于那些不喜欢我的人，不认同我的人，执着于那个不被人认同、不被人喜欢的自己？事实是，我只需要认真去做我该做的事就够了，我需要接受最好的自己，而那个认真完成每一次演讲，不在乎是否受人夸赞，不在乎是否因此而赢得荣誉的人，就已经是最好的"我"了，难道不是吗？

女士，请原谅，我发现跟别人讲道理非常容易，而自己做到这一点却非常难。现在我做到了，我发现越是喜欢受人夸奖的人，越是没有本领的人。这也就是说，越是有本领的人，越是不需要别人的夸奖。所以，我们永远不要去在乎额外的事情，比如你发表一次讲话，你不必担心是否会被认同，被喜爱——那都是别人的事——你只需要在乎，你是否做好了自己能做的事。不管别人说什么，不管别人有什么看法，你所要做的，只是接受最好的自己，你要相信，这就是最好的你。

淡定的女士一定懂得这个道理：不必计较别人对你的看法，一次都别计较，你不必活在他人的看法里，你只需要接纳全部的自己，专注地去做你要做的事，至于做得好不好，你对此当然会有自己的评判，而这个世界也会给你相应的回报。

这就像打高尔夫球时，会有人叮嘱我们不要让眼睛离开球；向成年人传授说话技巧时，我会告诫学生要集中心思在他想要传达的信息上。紧张、害怕都是担心结果、担心评价的表现，这是不可取的。因为这只会让你考虑多余的事情，无法专注做事。

如果我们很出色，何必要别人来肯定呢？那些夸赞我们的人、批评我们的人，就随他们去吧，我们只管自己活得精彩、快乐就好。

好莱坞的J.艾伦·布恩是著名的喜剧片《狗明星"强心"》的主演，他在观察"强心"表演的过程中学到了不少东西，还为此写了一本名叫《给"强心"的信》的畅销书。据布恩先生介绍，这是一只很了不起的狗，总是欣然地执行他的命令，在电影中表演为剧情所需的各种动作。难得的是它这么做，从来不是为了得到报酬，而是出于爱和享受把事情做好而带来的快乐。有好几次，"强心"都纯粹是为了自身的乐趣而表演。这也许正是它能成为电影明星的原因。

布恩先生还曾谈到有一次他面对一个跳舞的年轻女孩，她第一次试跳的时候，紧张得像新娘出嫁，怕自己会失败！于是他安慰她："不要在乎结果，只当是纯粹为了享受跳舞的乐趣而跳，为了上帝而跳吧。"

当你担心、紧张时，记得用布恩先生的话安慰自己：不要担心结果，不要在意别人是否会喜欢我们，现在就着手去做所有能激发爱和友情的事，做好自己的事，喜欢自己。在这方面，威廉·奥斯勒爵士的话很值得我们思索，他说："我们应该做的不是张望缥缈的未来，而是脚踏实地做好眼前的事。"

现实的情形是：当我们还处在做梦的年龄的时候，常常梦想有朝一日要写出最伟大的小说来。想象别人是如何欣赏那本书，如何听到掌声，如何得到永远的荣耀；想象自己要穿什么样的衣服，所到之处，别人是如何赞美、追求、不断引用自己讲过的话。我们想了许许多多，就是从来不曾想过可能会遭到的困难，或是那些沉闷辛苦的工作，那些在创作过程中所要流出的泪和汗。我们想的都是有关荣耀的报偿，而不是如何努力去赢得这份荣耀。

像这种幼年时期的稚气行为，可说是典型的"一颗寂寞的心灵想要得到友谊"，或是"想要与他人建立良好关系"的心理表现。只是，我们把次序弄错了——我们是希望别人先来喜欢我们，却不曾想到如何才能让自己接受自己、喜欢自己。

女士们，想要让别人喜欢自己，这是人际关系中很重要的一个环节，但我们都需要明白这一点：没有人能够获得所有人的喜欢。所以，更重要的是，我们自己是否喜欢自己，是否能够随时随地接受自己，在这个基础上，再专注于自己的成长和完善，让自己变得更加出色——而这一切，不需要任何人来肯定。

第八章
装点生命,你是自己最好的作品

任何时候,哪怕是身处逆境,女人也要记得享受生活,用一双敏锐的眼睛,用一颗善感的心灵,发现随处可见的生活乐趣,用那些随意的小快乐、小幸福,永远爱自己,永远相信你就是自己最好的作品,将生命装点得美好而丰富。

学会放松,掌握生活平衡

 **卡耐基写给女人的话**

在职场上学习让自己放松,适时地喘口气,掌握工作和生活之间的平衡点,这是一门学问。

安妮花了5年时间思考,今年终于决定改变工作的节奏,重新安顿身与心,她领悟到,工作中的快乐与不快乐,可能只是5.1比4.9的微差而已,中间有个阶梯,你可能爬到中间的梯子,拥有恰好的平衡,也可能只走了一阶。即使如此,你也在进步,平衡尺上的浮标又往前游移了一格。

安妮有个生命平衡法则,用来制衡工作与生活。她将生命切成健康、时间、自由与快乐4块,视个人状况分配比重以及排序。如果每个元素都不缺,反映到工作中的态度与情绪,就比较平和,因而获得适当的平衡。长期处在平衡中,就能积极正向思考。这恰恰符合今天许多专家所呼吁的:积极思考可以调适工作压力,清除不必要的情绪,上班族多亲近正向思考的人,能减少倦怠感。

具体做法是,如果将事情弄得很糟时,只允许情绪低落一下子。她很快会换个想法:太棒了,我又学到一招,下次又有机会尝试其他处理方法,我不会因此认为自己很差劲。

能做到积极正向地思考，前提是安妮能够保持工作和生活的平衡。女士们，我们从小到大学习的，可能都是怎样工作，但实际上，我们也需要学习休息。在职场上学习让自己放松，适时地喘口气，掌握工作和生活之间的平衡点，这是一门学问。郑淑敏，一个中型电脑公司的总经理，她一年至少休一次长达两星期的假，半年内会有几次短短两天的假，不一定出国，有时只是到山里或海边走走。

如果感觉莫名的倦怠迫在眉睫，休假又遥遥无期，试着忙里偷闲吧。一位女作家透露她平时如何排解倦怠：我偶尔请个半天假，溜去街上晃晃、逛书局或找个清幽的咖啡店想事情。在忙碌中给自己留点空间，因为塞得太满容易窒息，毫无闲暇的忙碌容易让自己陷入负面情绪中。

我知道许多女士都学不会这种忙里偷闲的方法：有的女士根本不敢休假，她们原本就担心自己不能胜任工作，缺乏竞争力，当然不敢轻易放下忙碌的工作；即使真的暂时放下了工作，她们也很难真正放松自己，在什么也不做的时间里清空内心的垃圾，为身心重新充电。

为了做到这一点，首先我们需要弄明白怎么做才称得上平衡。美国石油大王洛克菲勒在平衡工作与生活关系方面可谓是专家。谈起工作和生活，他说："这么多年以来，我执行的原则就是好好工作，好好享受，花一点时间来当父亲。

"尽管工作与生活的平衡问题一直是很多中年人所关心的问题，但似乎直到我退休之后，它才真正热门起来。在我过去的工作中，我遇到了许多这方面的问题。最常见的是，'你怎么会有那么多时间去打球，还能继续干好总裁的工作？'

"在个人应该如何排列生活中各部分优先次序的问题上，我显然不是专家。何况我一直以为这些选择应取决于个人。但是，作为一名管理者，我处理过数十宗关于工作与生活平衡协调的难题；作为一名领导者则处理过数百宗。从这些经历里我找到了一些感觉，关于老板们如何看待工作与生活的平衡，不知道他们是否告诉过你。"

洛克菲勒认为，要平衡好工作与生活的关系，首先应该处理好管理的优先次序问题。我们首先要谈谈，所谓的"工作与生活的平衡"究竟指的是什么。它涵盖了我们所有人应该如何管理生活、支配时间的问题——关于优先次序和价值观的问题。基本上，这个平衡是关于"我们应该把多少精力消耗在工作上"的讨论。

工作与生活的平衡是一个交易——你和自己之间就所得和所失进行的交易。平衡意味着选择和取舍，并承担相应的后果。女士，现在我们不妨站到你老板的视角上，换个位置对工作与生活的平衡问题做些思考。

1. 你的老板最关心的事情是竞争力。当然他也希望你能快乐，但那只是因为你的快乐能够帮助他的公司营利。实际上，如果你的工作做得好，你就可以让你的工作变得很有吸引力，使你的个人生活显得不那么拖后腿。

老板给你付工资的原因，是因为他们希望你贡献所有的一切，包括你的头脑、体力、活力和献身精神。

2. 绝大多数老板都非常愿意协调员工的工作与生活的矛盾，如果你能给他出色的业绩。这里的关键词是"如果"。实际上，我倒愿意通过一个老式的积分系统来处理工作与生活的平衡问题。那些有突出业绩的人可以获得"积分"，用以交换自己工作的弹性。

3. 老板们很清楚，公司手册是件华丽的宣传品，有醒目的照片、多项福利介绍，也包括倒班或工作弹性等。然而许多聪明人很快就明白，手册上所列举的"工作与生活的平衡规划"主要是面向新人的招聘工具。

真实的平衡安排是在老板与员工之间就具体问题进行单独谈判得到的,使用的方法正好是我们刚介绍过的业绩与弹性交换的制度。

4.那些公开为工作与生活的矛盾问题而斗争、动辄要求公司提供帮助的人,需要想清楚一个问题:你是否能够承担减少工作产生的后果。

在你第五次开口,要求公司减少你的出差,要求在星期四上午请假,或者希望回家去照顾小孩之前,你应该知道自己是在发表一项声明;而且不管你用什么辞令,你的请求在别人听来似乎都是:"我对这里的工作并不真的感兴趣。"

5.即使最宽宏大量的老板也会认为,工作和生活的平衡是需要你自己去解决的问题。实际上,绝大多数人都知道,的确有一些策略能帮助你处理好这个问题,他们也希望你会采用。

毫无疑问,谈判、协调这种平衡关系要给经理人的工作再增加一层复杂性。但是你的经理人应该欢迎这种挑战,因为那给他提供了另外一套工具来激励和挽留优秀的员工。这套新工具与高薪、红利、晋升或其他所有形式的认可一样有效。

不过,在此期间,你也可以并且应该学会帮助自己。有关工作与生活的话题已经讨论相当长的时间了,也有不少好的经验被总结出来。那些非常老练的老板都知道这些技巧,很多人自己已经开始采纳,他们也希望你能借鉴。

通过上面的一段话我们知道,平衡工作和生活是我们是否能取得事业上的成功的关键因素,也是很多企业在招聘员工时的重要参照标准。一个能够出色平衡工作与生活的人既不会像工作狂那样拼命地忠于工作,不顾生活,也不会像一个碌碌无为、毫无事业心整日混日子的小职员那样打发时光,她(他)应是一个高效工作、精力充沛、富于生活情趣的人。

所以，女士们，你们明白了这一点，当我请你们学会放松、掌握工作和生活的平衡时，我并不是在教你们毫无策略地随时抛下工作，想放松就放松，最后懒散成性，变成没有工作效率的人。真正的平衡是：你能够高效地完成工作，同时也能够好好享受生活。

远离单调的生活

 **卡耐基写给女人的话**
在创造生活和享受生活的同时,更要会欣赏生活,耕耘是创造,享用是享受,思考和品味是欣赏。

一位哲人曾说过:在地球上,那叫作"生命"的刺激冒险的机会,是你唯一能去做的。因此何不计划它,尽量设法让自己活得丰富而又快乐?

世上有很多有趣的事情值得我们去做。在这个令人兴奋的世界中,不要过乏味的生活。女士们,要知道,每个人都只活这一生,单调乏味是一生,丰富有趣也是一生,既然如此,那就让我们远离单调的生活,过有情趣的生活吧!

生活要过得简单而不乏味,有情趣而不孤独,这需要技巧。

女士们,为什么我要强调生活简单呢?一个有智慧的人,生活会过得非常"简单化"。所谓"简单化",并不是说如古代西班牙式的生活,而是说对于一切事情,能够做得恰到好处,不随便把时间和精力浪费到无用的地方。

简单并不等于单调。举个例子,在简单化的生活里,可能不会有应接不暇的晚会请柬，没有紧凑到一丝空隙也无的行程，也缺少各式各样的玩乐。但在这种生活里，你会拥有一两项陶冶情操的爱好作为生活的艺术而存在；你会有几位知心密友，你们经常在一起度过美妙的时光；你还会拥有经常去大自然走一走的良好心境；你还有一个相爱的人，能携手走过生命……在这样的生活中，就连一朵亲手种植的花在阳光下吐露芬芳、月光在窗前书桌上投下美丽的光影，都会让你细细欣赏，并因此感受到快乐，感受到生命和世界的美好。

复杂的生活会带来不满足，带来不断涌动的欲望，让你无法静下心来，去享受和欣赏身边每一处不经意的美景；而单调的生活是死气沉沉的，它是由毫无感受力的心灵、乏味的心灵带来的。简单而不乏味的生活，有情趣而不孤独的生活，则是灵动活泼的，它的背后是一颗丰富、敏锐、乐观、善感的心。

我不知道女士们是否知道劳·布朗宁和伊丽莎白·巴瑞特·布朗宁这对夫妻，他们的生活，我敢说，可能是有史以来最美妙的了。他永远不会忙得忘记在一些小地方赞美她和照料她，以保持爱的新鲜。他如此体贴地照顾他残疾的太太，结果有一次她在给姊妹们的信中这样写道："现在我自然开始觉得我或许真的是一位天使。"

女士，我提及他们的故事，目的是提醒你，你完全也可以像劳·布朗宁那样，运用任何简单的细节和琐事来增加生活的情趣。命运并没有赐予布朗宁夫妇更多幸运，但他们用自己的乐观和爱装点了残缺的命运。可见，生活是否有趣、是否能给人带来愉悦和希望，并不在于外在的境遇，而是看人们怎样来对待和处理。

我认识这样一位女士，在好几年前，她的生活很单调。单调到什么地步呢？那时她还是一位单身女孩，在一家公司当打字员，她每天几乎只在公司和家之间来回，过着两点一线的生活。她几乎没有朋友，到了休息日，她从不出去走走。她没有什么爱好，也想不出自己该做些什么，于是她在每个休息日，要么在家大扫除，要么就只是坐在那里无所事事。当她来向我倾诉生活多么无聊，她痛苦得几乎死掉时，她已经在这样枯燥的生活里过了两年，天哪，你们能够想象吗？她竟然从未想过要改变！

"我不知道该怎么改变，"她对我说，"我只知道这样的生活让我抓狂。""是的，"我回答，"我相信这样的生活足以让所有人抓狂。可是，你为什么不试着去做些什么呢？哪怕只是在家里养一盆花。""我不知道，我从没想过要这么做。"她说。

"那么，请你从现在开始，每周的休息日都试着去做一件你从来没有做过的事，没错，比如，你可以种一盆花，读一本书，出去逛一次街，试着约一个人喝茶聊天，同事、邻居、以前的同学，你能够约到的任何人都可以，去一个你从来没去过的地方，找一个陌生人交谈……一旦你开始去做，你就会发现，生活中有趣的事情这么多！有这么多事情值得去做！"

这位女士的生活没有遇到任何问题，是她自己封闭了心灵，关上了生活的门窗，让人生变得单调，缺乏色彩和乐趣。我知道，大多数女士不至于像这位年轻女孩一样，过着如此极端单调枯燥的生活，但我们都或多或少会在某些阶段感受到生活的停滞和无聊，比如，当我们长久处于同一职位、做同一份工作，或者处在一段长期稳定的婚姻生活里，或者过着日复一日的生活时，难免会产生倦怠或厌倦。这种时候，一定不要抱怨、不要烦躁，要自己主动去调整，主动去创造生活的乐趣，去接触新事物，做新鲜的事情，让停滞的心重新跳动起来。

任何人都想过幸福且充满活力的人生。要实现这个愿望，时时接受新事物的挑战就显得格外重要。年龄虽大但依然精力充沛的人，多半是不断接受新鲜事物的人。年纪越大，越感到时光流逝之快。我曾在全美国进行过一项心理实验，也得出与这句话相同的结果。生活的心境不同，是导致年纪稍大的人觉得时间过得快的主要原因。因为，他们已很久没有尝试新事物、听听新鲜事了。所以，我们要努力对很多事物充满兴趣，寻找新的挑战，并且去体验一些新的发现——打破乏味的生活方式。

女士们，希望你们都学会活得丰富、有趣，在创造生活和享受生活的同时，更要会欣赏生活，耕耘是创造，享用是享受，思考和品味是欣赏。没错，要用丰富的感受和心灵、用乐观向上的心态、用善于发现美的眼睛去装点生命，永远相信自己，相信世界的美好。

让生活充满创意

 **卡耐基写给女人的话**

对女人而言,创造力也是魅力的源泉。不断创新,永远年轻鲜活的心态才是她永葆美丽的秘密。

《成功的小子》一书的作者贝莉·费德门谈到她早年所接受的艺术训练情形:"念小学时,有一次艺术课的家庭作业是将一张名画贴到厚纸板上。上课时,老师没有提到那张画,只清楚地交代边缘要留多少空白,并且以此为标准打分数。上高中后,我痛恨艺术课,要我选修艺术,门儿都没有。大家都认为我没有创造力,我也自暴自弃。那时候我不明白有无创造力的区别。其实只是前者在成长过程中认为自己深具创造力,而后者没有罢了。"

创造力是指别人所没有过的想法或做法。创造力可穿越世俗,寻找神奇。在讨论创造力时,女士们,我知道你们通常只会想到伟大的艺术家的成就,如凡·高的画、莫扎特的音乐、莎士比亚的剧作,以为创造力与我们这些普通人无缘。没错,在这些大师的非凡成就和非凡创意面前,我们的确会自愧不如,但这并不表示我们缺乏创造力。

有没有创造力，就看你是否突破了习惯、习俗、既有观念的束缚。我常说：在人的一生中，无论何种情形，你都要不惜一切代价，走入一种可能激发你的潜能的气氛中，可能激发你走上自我发达之路的环境里。努力接近那些了解你、信任你、鼓励你的人，这对于你日后的成功具有莫大的影响。你更要接近那些努力要在世界上有所表现的人，他们往往志趣高雅、抱负远大。接近那些坚决奋斗的人，你在不知不觉中便会深受他们的感染，养成奋发有为的精神。

我认为，几乎所有人都只发挥了很少的潜能和创造力，其原因就在于内心的恐惧、不安、自卑、意志薄弱及罪恶感。综合起来，可以说是"与外界的不调和"，因为不能包容外界环境，就等于是替自己的能力踩了刹车。因此，现实的情况是，我们的生活似乎与本身的创造力越来越脱节。

看一看我们的生活，女士们，有多少人能够发挥潜能、创意，突破现有环境和观念的束缚？改变当下的生活，哪怕只是让无聊的日子稍微生动起来——就连这样的事情都很少有人去尝试。假如我们真的去尝试，女士们，一切将是多么简单啊！有时，你需要做的只不过是迈出第一步，或者仅仅是出去走一走，看看新的风景。

一位著名的芝加哥商人谈起自己在生意上的成功时，说："在制定新的管理制度或者进行某一方面的革新前，花一周的时间去拜访国内的各同业商店，有助于获得新观念、新方法。"这位商人也承认，他并没有高出同行多少智慧，就才能而言，某些方面还不及同行，但他有一套自己独特的管理经验。他每年总要出外旅行一次，去考察各家商店的管理法和经营法。他说，每次旅行回来，他总会觉得自己的商店与他旅行以前的时候不一样了。经营上的小缺点、店员的小疏忽，以前不曾注意到，旅行回来他都能发觉了。

如果这样的例子不足以让你受到启发，那么，请看看这位女士的经验——住在俄克拉何马州的一位年轻妇女是我的训练班的学员，她把自己如何突破习惯束缚的经过告诉了我们：

"我先生和我都是电视迷，每天傍晚一下班回家，便立刻打开电视，然后一边吃速食餐，一边看电视，直到就寝时间为止。我们很少去拜访亲朋好友或阅读书报，或到外面去参加各种活动。因为一想到就要因此错过某某电视节目，活动便自然取消了。假如有人来拜访我们，我们也常常心不在焉，只盼望赶快回到电视机面前。一天，我和几个老朋友一道吃午餐，发现自己很难和他们打成一片，因为他们所谈的话题我都不清楚。我很少到别的地方去，也很少阅读什么报刊，我几乎很少做其他事——除了每天看电视之外，没有其他嗜好。

"我回去和丈夫提到这个情形，并告诉他，我们得想办法把这个习惯改掉。他表示同意，我们便开始计划要如何进行。我们先报名参加某些成人教育的晚间课程，也开始学习打保龄球；我们到朋友家拜访，或到图书馆借书来看，并大声念出来给大家听。我实在很高兴终于摆脱了坏习惯，也开始有了许多新颖的思维方式。这无论是对工作还是婚姻都大有帮助。我们的生活变得更丰富，与他人的关系也更亲密。"

亚力斯·奥斯卡所著的《你的创造力》及《运用想象力》帮助许多人培养了具有创意的思考能力，促成了很多积极的、有建设性的行动。

奥斯卡使用的工具也同样是笔记簿和铅笔，灵感出现时，他就立刻记下来。他说："每个人都有相同的创造力，大多数人却不会运用。"奥斯卡在《运用想象力》中提到的脑力激荡，被普遍运用在大学课堂、工厂、企业办公室、教堂、俱乐部及家庭之中。脑力激荡的方法非常简单，只要有两三个人，他们互相批评或反驳，等到会后再逐一评估每个建议的可行性，这样就能找到问题的最好的解决办法。

我们时常把自己深裹在习惯或习以为常的无聊事件里，窒息了自己的思想而不自知。想想看，有多少人每天在不变的环境里不断重复相同的行为，生命因此变得迟钝、没精神并且毫无创新，自身的各种潜能自然也就沉睡而难以觉醒了。

女士们，创造力的答案是创新的、不同的、独特的、与众不同的或是更好的做事方式。我们喜欢的定义则是"新而且有用的"。具创造力是指能使原有的工作产生新的目的或意义，发现新的用途，解决既有的难题或增加事物的新价值。因此，一个有创造力的家庭主妇，和一个有创造力的作家并无不同，她完全可以运用自己的创造力，让生活变得充满创意。

基于复杂而独特的遗传个性及不同的生活体验，每个人都像雪片一样各有特色，这种差异性就是创造力的基础。每个人都有独特的表达方式、不同的才能以及不同的经验及诠释方法。对女人而言，创造力也是魅力的源泉。不断创新，永远年轻鲜活的心态才是她永葆美丽的秘密。

随意的小快乐,随意的小幸福

卡耐基写给女人的话

平淡的生活就像是一杯茶,只有经过浸泡、品尝,你才能体味到它的芳香,如果你有时感到它很乏味,那不是茶不香,是因为你的品茶功夫还不到位。

一位年长的旅行者曾经讲述了这样一次经历:有一次在去美国西部的旅行途中,他恰好坐在一位年迈的妇人旁边,这位老妇人时不时地从敞开的窗户探出身去,从一个瓶子中把一些粗大的"盐粒"撒在路上——至少在他看来是如此。当她撒完了一瓶之后,又从手提包里拿出"盐粒"把瓶子灌满,接着继续撒。

听他讲述这一经历的一个朋友认识这位老妇人,并告诉他,这位老妇人极其喜欢鲜花,并且一贯遵循一个信念:"请在你旅途所经之处撒播鲜花的种子,因为你可能永远都不会在同样的路上再次旅行。"通过在自己的旅途中撒播鲜花的种子,这位老妇人大大地增添了原野的美丽。正是由于她热爱美、传播美,使得许多道路两侧鲜花缤纷、生机盎然,令寂寞的旅人耳目一新。

如果我们在漫长的人生旅程中能够像这位老妇人一样热爱美并传播美

的种子，那么我们将生活在一个多么令人心旷神怡的天堂啊！我们的人生将变得多么充满芬芳啊！而我们之中的许多人之所以把生活过得一团糟，总是在抱怨，总认为命运对自己太不公平，难道不是因为他们对生活中的美和爱视而不见吗？

生活就是这样，女士，当你只看见它的坏处，阴暗的那一面，只感受到它施加给你的痛苦，那么，你的生活就一定是你所看见和感受到的那样；相反，如果你相信它的美，看到它阳光的那一面，感受到痛苦背后蕴藏的机会和希望，并将这种心态的种子传播到你周围的环境和人群当中去，那你的生活就会充满快乐和幸福。

我们是否活得快乐幸福，这取决于我们的心态和拥有多少外在的物质，和我们生活在顺境中还是逆境中都毫无关系。如果我们总是为了一种境遇而高兴或痛苦，那么我们的悲喜就永远不能由自己说了算。这就像两个口渴的人喝水，一个用的是华丽的金子制造的杯子，一个用的是很破的普通杯子。第一个人觉得自己很富有，第二个人觉得自己很穷；第一个人的虚荣心得到了满足，而第二个人陷入了烦恼中。实际上，他们的目的本来都是喝水，而他们也都喝到了水，为什么会为杯子感到满足或痛苦？

女士，我们在生活中都犯过这样的错误：被自己并不需要的东西牵着鼻子走。如果我们随时能够在生活中发现美，发现爱，发现那些随意的小快乐、小幸福，那我们究竟拥有多少位数的银行存款，是否在30岁迈向成功，又有什么关系呢？

无论你是否成功，取得了什么样的地位，生活都是平淡的，无非就是吃饭、睡觉、穿衣、工作、休闲。从平淡的生活中获得趣味和快乐，这需要我们真正沉浸在生活里，用心去体会、去感受。平淡的生活就像是一杯茶，只有经过浸泡、品尝，你才能体味到它的芳香，如果你有时感到它很乏味，那不是茶不香，是因为你的品茶功夫还不到位。

抱怨生活辛苦、无聊、毫无意义，那只是因为你没有乐观、美好的心，因为你不懂得去发现生活中随处可见的小快乐和小幸福。比如，当我们工作得很辛苦，或者是遭遇到困难时，给自己一点奖赏、一点礼物，这就是快乐和幸福，这些都是小事，但是能让我们觉得很愉快。例如吃过午餐后，在公园里散散步；花一个小时阅读一本自己喜欢的书；经过一天辛苦工作之后，喝一杯醉人的葡萄酒——这样的惬意和享受在生活中无处不在，就看你是否能够发现，能够尽情让自己享受其中。

当然，女士，假如你在做这些事的时候，心里牵挂着一个小时之前遇到的工作上的某个问题，或者昨天某人对你说过的一句不礼貌的话，那就另当别论了。

学会在生活中捡拾乐趣，这样才不辜负你这场美好的生命。遇到困难或者坎坷时，不要忘了生活还有另一面，就像一张扑克牌，你看到阴暗的一面，但绕过去，背面其实就是阳光。因此，何不开怀一笑，做一个快乐的女人呢？

你可以做的事情那么多：洗个热水澡，洗头发；下午休息一下，写几封信，到外面散散步；周末时到外面游玩一下；和好朋友玩填字谜的游戏；和子女共处一段时间；给自己买一束花；偶尔吃块巧克力糖；找只猫来爱抚一下；找个人来拥抱一下；待在洗澡间里，把门锁起来，和外界隔绝10分钟。

当一个女人开始积极地看待生活时，她的生活将会发生重大的变化，她会享受更完整的生命，并获得更多的乐趣，这意味着她更健康且活得更长久、更快乐、更幸福。

做有活力的健康女人

 **卡耐基写给女人的话**

如果你想成为一位有活力的、健康的女性,忧虑、恐惧、焦躁等负面情绪是你必须戒掉的毛病。

我曾经听一些医生估计说:现在活着的美国人中,每20人中就有1人在某一段时期得过精神病。第二次世界大战期间被征召的美国年轻人,每6人中就有1人因为精神失常而不能服役。

精神失常的原因何在?没有人知道全部的答案。可是在大多数情况下,极可能是由恐惧和忧虑造成的。焦虑和烦躁不安的人,多半不能适应现实的世界,而跟周围的环境隔断了所有的关系,缩到自己的梦想世界,以此解决他所忧虑的问题。

以上我所说的都是关于精神健康的问题,但忧虑和恐惧引发的,绝不仅仅是精神上的问题,它对身体的健康同样会产生损害。有关专家曾经指出:心脏病、高血压以及消化系统溃疡这3种疾病从很大程度上来说都是由忧虑的情绪引起的。

听起来,我似乎在极力夸大忧虑、焦躁、恐惧这些负面情绪的害处,但并非如此，我说的都是事实。而我之所以强调这一点，是因为我知道很多女性在精神和身体的健康问题上都深受这些负面情绪的伤害，我知道这些，因为我曾经接待过来自全美各地的女士，我接受她们的来访，聆听她们的倾诉和需求，开导她们，在这个过程中，我见过无数由忧虑所导致的健康危害的事例。

有一次，一位女士来找我，她告诉我，她觉得自己活不了多久了，她的身体健康受到了严重的损害，她说她一直听我的演讲、看我写的书，因此，她想在去世之前和我聊一聊，当面告个别。我听了这话，起初非常难过，但和她进行了深入的交谈之后，我发现她得的并非不治之症，她只是心脏出了问题、肠胃出了问题，而这些问题的原因就在于她总是活在无休止的忧虑当中，也正因为忧虑，她的病情才会越来越严重。

她说她总在担心，担心年迈的母亲随时离她而去，就像父亲当年离去一样；她担心丈夫会抛弃她；她甚至担心她的一位远房亲戚会来找她借钱，因为多年前她曾答应在他困难的时候会借钱给他；她的面容永远阴沉，她不敢和别人深交，因为她总是害怕别人欺骗她、嘲笑她，她不敢大声地笑，因为她担心别人嫌她吵闹……而现在，她继续担心着，担心这些身体上的毛病会要了她的命，而正如我所见，她看上去没有丝毫活力，深深地陷入恐惧和忧虑之中，无法自拔。

天哪，女士们，我向你们发誓，如果我像她这样活着，我肯定早就发疯了。后来，我向她说明了许多关于忧虑损害健康的道理，她似乎明白了点什么。据说，此后她的病情减轻了一些，她给我写信，信中说："先生，我想，只要我担心的事情慢慢减少一些，我就能逐渐恢复活力，继续活下去。"

在我写下这些文字时，我的书桌上就有一本书，是爱德华·波多尔斯基博士所写的《停止忧虑，换来健康》。书中谈到了几个问题，我很愿意与各位女士分享：

1. 忧虑对心脏的影响。
2. 忧虑造成高血压。
3. 风湿症可能因忧虑而起。
4. 为了保护你的胃，请少忧虑些。
5. 忧虑如何使你感冒。
6. 忧虑和甲状腺。
7. 忧虑与糖尿病。

女士们，现在你们知道了，我并没有丝毫夸张。这些可怕的事实会让你们看清楚忧虑怎样通过焦虑、烦躁、憎恨、后悔、反叛和恐惧情绪来伤害我们的身心健康。

实际上，除了遗传类疾病、病毒式的传染疾病，以及由环境、饮食引起的健康问题之外，过着正常、规律、快乐生活的人，通常不会有健康方面的担忧。人类的身体是一套精密的生命系统，假如不是因为恐惧、忧虑、焦躁等负面情绪的影响，你和我，女士，其实我们都很难生病，请相信这一点。

反过来讲，要保持健康，仅仅依靠规律的作息、良好的饮食习惯、适度的锻炼是不够的。在作息习惯和锻炼之外，更重要的是保持良好的心情，轻松愉快地生活，这才是保持活力和健康的最佳方式。

不久以前，我和一个生病的女性朋友到费城去。我们去见伊莎瑞尔士内·布拉姆博士——一位拥有38年经验的著名医学专家。他问我朋友的第一个问题就是："你的情绪是否有什么问题而使你产生这种情况？"他警告她说，如果她继续忧虑下去，就可能会染上其他并发症，例如心脏病、胃溃疡，或是糖尿病。"所有的这些病症，"这位名医说，"都互为亲戚关系，甚至是很近的亲戚。"一点都不错，它们都是近亲——由忧虑所产生的病症。

女士，如果你想成为一位有活力、健康的女性，忧虑、恐惧、焦躁等负面情绪是你必须戒掉的毛病。而解决的办法，正如布拉姆博士给病人的忠告一样，他在候诊室的墙上挂着一块大木板，上面写着这段忠告，我把它抄在一个信封的背面，我希望女士们也能把它抄在纸上，时刻提醒自己：

最使你轻松愉快的是，健全的信仰、睡眠、音乐和欢笑。

——对神要有信心，

——要能睡得安稳，

——从滑稽的一面来看待生活，

健康和快乐就都是你的。

女人永远的幸福——爱自己

 **卡耐基写给女人的话**
幸福不是被爱，不是向外去追求爱，而是永远懂得回过头来，做最好的自己，好好地爱自己。

如果你不能成为山顶上的高松，那就当一棵山乡里的小树——但要当棵溪边最好的小树。

如果你不能成为大树，那就当一丛小灌木。

如果你不能成为小灌木，那就当一片小草地。

如果你不能成为麝香鹿，那就当一尾小鲈鱼——但要当湖里最活泼的小鲈鱼。

我们不能全是船长，必须有人去当水手。

这里有许多事让我们去做，有大事，有小事，但最重要的是我们身旁的事。

如果你不能成为大道，那就当一条小路。

如果你不能成为太阳，那就当一颗星星。

决定成败的不是你尺寸的大小——而在于做最好的你。"

当我读到道格拉斯·玛拉赫的这首诗时,我的内心非常震撼、非常感动,不知道女士们有没有和我一样的感觉?我认为这首诗写出了一个人,一个独一无二的人,如何认识自己,如何接受自己,如何爱自己。而这种对自我的赞美和爱是如此真诚、如此深刻,以至于我至今都把这首诗留在心底,经常默念。

女士们,我们出生在这个世界上,逐渐学习各种知识,接受各种观念,学会去爱别人,学会在一个复杂的世界里立足,学会经营事业和家庭。没错,随着年纪的增长,我们知道的事情越来越多,认识的人越来越多,会做的事也越来越多。我们将自己放在人群之中,以他人为参照来衡量自己;我们将自己放在历史和时间的河流里,用过去作为参照来定位自己的一生;我们甚至将自己放在别人的视野里、别人的评价里、别人的好恶里,希望借此来定义自己、评点自己。

我知道,你们和我都经历过这个过程:我们清楚每一个人对我们的看法,却唯独不知道自己对自己有什么看法,不知道自己最真实的模样。我认识许多女士,她们都是这样,当周围的人都在学习如何做有教养的、聪明的主妇时,她们就认为自己肯定也能成为有教养的、聪明的主妇;当别人都说工作中的女性最美时,她们于是也愿意放下家中的事,为此去找一份工作;假如所有人都说女人应该成为丈夫成功的垫脚石,她们就一定会为了成为一块垫脚石而努力做一些事,尽管多数女性最终都好心办了坏事,成了丈夫事业上的绊脚石。

我希望这些女性都来读一读道格拉斯·玛拉赫的这首诗。不要总听别人怎么说,看别人怎么做,这世上不能所有人都去当船长。所有的女士都应该花一些时间和心思去认识自己,并就此找出最适合自己做的事、最适合自己的生活方式;找出来之后,要学会全然地接受真实的自己,并且真诚地去爱自己。

对一个女人而言,永远的幸福就是:爱自己。请记住这个真理,女士们。幸福不是被爱,不是向外去追求爱,而是你永远懂得回过头来,做最好的自己,好好地爱自己。

我可以向女士们列举几点"接受自己""爱自己"的方式:

1. 要时刻赞美自己。别人赞美你,除了感谢、感恩,不要太过在意;别人若是批评你,除了感谢、感恩,并借此对自己进行反省之外,也不必时时刻刻放在心上。永远不要太在意别人的评价,重要的是,在任何时候,哪怕是在你最悲惨的时候,也不要忘记寻找自己身上的闪光点,真心地赞美自己。

2. 不要把所有的时间和精力投入到另一个人身上,哪怕这个人是你最爱的人。身为女人,请你绝对不要为了爱情失去自我。一个把爱都投入在别人身上的女人会令人敬而远之,因为一个不爱自己的女人不会太美丽,她很容易深陷于嫉妒、猜疑、愤怒、占有欲、歇斯底里等负面能量之中,失去女人应有的优雅、涵养、淡定的气质和魅力。所以,即使你深爱着一个人,也要抽出至少一半的爱送给自己。

3. 做自己的女王。女士,你应当是自己的女王,不要让任何人来主宰你的生活、你的命运;不要依赖任何人;不要把任何不幸的责任推到别人身上。假使你遭遇厄运、经受灾难,你也依然可以用强大的心去面对,因为你早就把命运抓在自己手中,你早就知道你要走什么样的路。

4. 懂得原谅自己。许多女士在面对挫折时,容易陷入灰心绝望之中,认为自己一无是处;或者,她们认为一切的问题都压在自己身上,认为自己生来就该忍受磨难;还有的女士会就此埋怨一切,她们把身边的所有人都当作敌人,包括自己。我不止一次地告诉这些女士,一定要懂得原谅自己,放过自己。不自我否定，不自怜，不和自己较劲，她们才能够得到解脱，感受到自己活着的意义。

5. 永远自信。哪怕是在人生最深、最黑暗的低谷里，也要保持不动摇的自信。在低谷时，记得要及时地止住放大了的悲观情绪，最好拿出一张纸，把自己身上仍然存在、并未因逆境而磨损的优点一一记下来，时刻提醒自己，你仍然优秀，只是没有遇上更好、更适合你的机会。

6. 不要成为情绪的奴隶。把自己困在忧郁沮丧的坏情绪里，不能自拔，是许多女士容易犯的通病。这种时候，一定要懂得改换思维方式，改变看问题的角度，或者试着改变周围的环境。不要让坏情绪占据你的心灵，要尽力想快乐的事情、说快乐的话。

7. 不要自己捆住自己。永远不要沉浸在任何事情、任何情绪、任何负面能量里：别沉浸在回忆里，为过去的事情懊悔；别沉浸在恐惧里，害怕自己即将犯下错误；别沉浸在对未来的担忧里；别沉浸在痛苦里，不肯自我解脱——女士，在应该让自己活在眼前这一刻的时候，千万不要让自己活在过去或者将来。

8. 享受生活。任何时候，都要记得享受生活。工作再忙碌，也要忙里偷闲，送给自己一个美好的假期；即使你并不富有，也要学会更优雅、更有乐趣地生活，随时送给自己一份快乐；即使你生活得并不顺心，也要保持信心，充满活力，维护好自己的身心健康，为自己创造一种活力四射的生活。